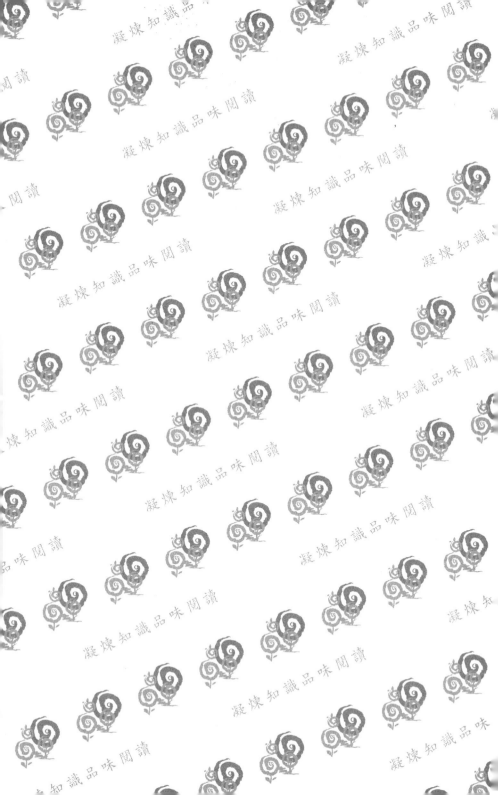

何宗武 薛丹琦 謝佳真 著

數位創新

商業模式經濟學

五南圖書出版公司 印行

推薦序

與讀者來一場
數位轉型的深度對談

隨著行動網路、物聯網、人工智慧、區塊鏈、工業 4.0 等技術的快速進步，數位化環境的興盛已有沸沸揚揚、沛然莫之能禦之勢，企業亟需重新思考如何結合數位科技以優化行銷與業務力、營運流程、組織架構、創新與研發以及支援活動等等。數位轉型不但是刻不容緩的議題，更關係到企業能否較競爭者更具競爭優勢，能否在瞬息萬變的經營環境下永保基業長青。

縱使經理人了解到數位轉型的必要性，能不能成功地領導或執行企業的數位轉型，更牽涉到他／她能不能制定正確的數位轉型策略、改造組織文化、建立優質的人力資本，以及累積資訊技術與數據分析力。也就是說，數位轉型牽涉到的企業運作面向極廣，而且首要是必須立基於由客戶需求所驅動的數位轉換，而不是單單朝著追求數位技術提升的方向，才能使數位轉型不至於功敗垂成。

何宗武、薛丹琦、謝佳真三位作者以獨特的觀點揭櫫了數

位轉型的重要理念、兩個成功的關鍵、三個案例、和四個經濟學原理。何宗武教授多年來即從事相關議題的企業診斷和專案執行，擁有極其深厚的經濟學素養以及掌握核心問題的卓越洞察力，他為想掌握數位轉型力的經理人提供了正確的觀念、架構和理論基礎。第二位作者薛丹琦則是結合豐富的金融科技實務經驗與數位創新商業模式研究，而第三位作者謝佳真結合商業模式經濟學分析行動支付市場，提供了實際商業案例的深入分析與探討。

為了讓本書更貼近經理人建立數位轉型力的需求，何宗武教授更在出書前即採用本書內容作為 2020 年臺灣師範大學管理學院 EMBA 金融科技應用課程的上課教材。透過直接與高階經理人的深入對談，三位作者得到許多寶貴的回饋與修正意見，更使本書與坊間的相關書籍大為不同。我很高興推薦這本書，因為這本書能引領從事數位轉型的經理人聚焦在正確的策略思考上，循序漸進地規劃數位轉型的進程，使經理人與其企業躋身於成功者之列，戰勝瞬息萬變的經營環境。

臺灣師範大學 EMBA 執行長

闖蕩數位生態圈叢林，
不只要有好地圖，更要懂製圖

　　亞馬遜雨林是全球最大的熱帶叢林，至今沒有人知道，這裡有多少種生物，多少種生態圈，至少發現了數千種動物、數萬種植物和 2 百多萬種昆蟲生活。每當發現一個新的生態圈，找到新的物種和基因，就可能帶來新藥的突破，解決某一個棘手的病情。這裡是全世界的生物基因庫。

　　在這裡探險，需要的不只是糧食、武器、藥物就夠了，更需要一套地圖。因為叢林是善變的，一個月前的小徑，可能這個月就滿布植物，看不到路面痕跡。連續幾天暴雨，可能就帶來了一彎急流，改變了這一方樹林的樣貌。能不能穿越，如何繞道，都需要地圖的指引。

　　甚至，最好你有一套繪圖工具，有能力自己繪製。按圖索驥，只能探索那些前人走過的路，想要找到新的生態圈，新的可能性，得再往更深處，或無人所及之處，那裡連路都沒有。

數位經濟的世界，就如同亞馬遜雨林，只是這裡是數位世界的熱帶叢林。我們生活在其中，卻無法知道這個世界有多大，多複雜，有多少種未來的可能性。科技不斷演進，也不斷加速變革，三十年誕生的 HTTP 協定，創造了今日我們整個 Web 生態圈，E-mail 應用改寫了工作職場的合作樣貌；十多年前誕生的 App Store，創造了全新的軟體生態圈，區塊鏈更是正在改變實體金融世界的生態圈。甚至像是臉書、Line、雲端技術、API 技術、容器技術、微服務架構，都創造了各種新的生態，大到創造了全球性規模的平台，小到能改變鄰里生活圈的互動方式。科技創新只是加速生態圈演化的一項原因，更關鍵的是創新科技的利用，同樣的技術，新的應用流程、商業模式，就可能催生出新的生態圈。真實世界叢林需要數萬年的演化，但數位叢林可能數十年，甚至數年，就會帶來截然不同的新生態。

在數位叢林世界，生態圈的競爭，還沒有從藍海變成紅海之前，按圖索驥，仍舊有效，前人成功的路徑，依舊可以參考，但是，機會愈來愈小，收穫愈來愈低。有一套好的繪圖工具，可以幫忙找出新的出路和少為人觸及的潛在機會，若不只

熟悉畫圖工具和畫技,更能熟悉數位設計方法,藝術理論、影像創作思維,不只可以描繪現存的環境,還能用來想像和勾勒新世界的樣貌,探索進入的途徑。

這正是這本書的價值,不只提供了剖析現有數位經濟世界、數位商業模式的架構和工具,更用「四個經濟學原理」,來提供一套從根本理解數位世界的剖析策略。

光是書中提到的 3 種數位經濟營運模式,10 種數位商業模式,都是可以供按圖索驥的模式工具,可以作為設計數位轉型發展方向的參考架構,或像是用來分析數位化轉型成功案例,以及轉型失敗案例的剖析角度,也都是值得借鏡的檢視祕訣,可以用來評估自家轉型策略的盲點。

有了一套繪圖工具以及背後的理論知識,如何轉為實際具體可行的執行方案,這本書更以「開放銀行」和「行動支付」的實務研究來印證和示範,如何將這些理論知識套用到真實場域中,這是台灣目前正在成形的兩大新興金融生態圈,也是愈來愈成熟的新藍海。

數位轉型不是目標，只是達到目標前的過程，但要闖蕩數位生態圈叢林，你不只需要摸索方向，制定策略的地圖，更要具備能開創新路的思維能力。

王宏仁
iThome 周刊副總編輯

推薦序

一趟深入數位商業經濟實例
的知性之旅

　　自 1990 年代中，網際網路問世之後，直接與間接地改變商業模式、提升勞工產能、明顯提高勞工的總要素生產力。在不到三十年之間，許多新型態的產業崛起，例如共享經濟的翹楚：Airbnb 與 Uber，數位社群巨人的 Facebook。亦有為數不少的成功轉型的公司，例如 Amazon。本書的三位作者，分別具有深厚的經濟學專業訓練、長年服務於金融業的背景，於本書的三篇中，強調數位轉型與 IT 轉型的不同，數位化轉型中所創造的客戶擁有的數位價值，以及如何應用制度經濟學將複雜的問題具象化與結構化。

　　個人在閱讀本書時發現，最吸引我之處，是本書引用大量的實際商業案例，分門別類地穿插在不同章節中，印證理論與演進脈絡，非常具有可看性與參考價值。本書的作者之一，何宗武教授是我的同事，長年浸淫在經濟學的書海與專業文章之

中，他的應用計量經濟學與程式語言能力，功力深厚，甚為仰
慕。很高興宗武兄與兩位合著作者，願意筆耕這類專業與實務
結合的出版，讓現代的數位創新與商業模式的演變與未來可能
性，分享給讀者。

印永翔

臺灣師範大學 教授兼副校長

數位創新的時代浪潮

　　市面上對於商業模式有很多專家在討論，多半引用的是九格畫布。但是，對於一個市場的問題，更需要的是掌握經濟學原理的思考。因此，本書透過作者群，在理論方面有筆者為商業模式寫的「四個經濟學原理」，實務上融合了薛丹琦研究「開放銀行」與謝佳真研究「行動支付」的畢業論文結晶。對於數位創新的迷思，本書是一個挑戰。面對市場上琳瑯滿目的數位創新與商業模式書籍，也是一條辛苦的探索之旅。本書的撰寫適逢人類近百年來最大的全球化人類危機，然而數位創新在面對新冠病毒之後，更具有蓬勃發展之勢，許多產業面臨存亡之秋，底子厚的力拚轉型，底子薄的就與這個時代告別，結束過去的商業經營模式。在充滿反全球化氛圍又需要經濟發展的國際情勢，如何有彈性變化地利用數位創新商業模式，就成為身在台灣的我們需要鍛鍊自己在這時代突破的道路。台灣雖然有其經濟與社會結構上的侷限，但也有具備充沛的數位資

源，期待台灣企業經理人們可以在下一世代的創新浪潮中，掌握住創造新時代企業的契機。這本書是個起點，也希望能引起許多共鳴。

　　薛丹琦在金融業工作，具有豐富的金融科技第一手經驗，本書能從講稿到出版，丹琦為此書主要寫手，功不可沒。筆者在 2020 年將本書內容採用在臺灣師範大學管理學院 EMBA 金融科技應用的課堂教學，當年上課同學的討論與寶貴意見，有助於此書的完成。謝佳真耗費一年研究行動支付，也將台灣行動支付的紅海戰場，提出具體商業模式思考，貢獻卓著。希冀本書初版，能為商業模式的經濟分析拋磚引玉。

何宗武

CONTENTS

CONTENTS

CONTENTS

前言

順乎天而應乎人，革之時大矣哉。

澤中有火，革；君子以治曆明時。

　　　　　　　　　　　　　——《易經‧革卦》

　　疫情過後的 2021，堪稱是真正的「數位經濟元年」。根據行政院發表的《台灣經濟發展的利多與機會報告》，預估全球數位經濟產值 2030 年將達 28 兆美元，占全球 GDP30%。而 IDC 則指出台灣到 2030 年將有超過 60% 的 GDP 貢獻，來自產業數位轉型創新的數位服務或產品。麥肯錫在 2020 年全球企業 CEO 數位化調查指出，疫情前的 2019 年底，亞太企業數位化的比例只有 1/3；到了 2020 年 7 月已超過一半，而且，完成數位化的速度，平均加快了 10 年。

　　窮變通久是管理的智慧，然大多數的領導人不會等到山窮水盡，才會開始展開變革，不論中西，談論轉型的案例，總是從基礎設施的變革開始，在其中則會注重心智層面變化與文化變革，如果從「文化－策略－執行」三環鏈來看，數位轉型時即要注重不同階段時動態的變化與層層相扣的變化，才能確認公司是否都能在同一目標，因此「One Team, One Goal!」在重視轉型文化整合的公司是經常凸顯的，事實上如同治兵一統軍

心,如《孫子》九地篇中講的率然陣勢,常山蛇擊其尾則頭至之,擊其首則尾至之,上下如一人。因此高階管理人除了獲得高階同儕與董事會的認同,接下來就是獲得員工認同,在得到順天應人的時機做改革,成就才會巨大。

革卦講的就是水火相息,改革不是件平靜的事,因此領導人在改革時必須了解不同階段的需求,才能清楚掌握轉變的時機,不然轉型就容易在組織的穀倉(Silo)或是對於客戶需求不了解之下失敗,這也是本書之所以撰寫的原因。作者群希望透過對數位經濟的遊戲規則的分析,從個體經濟學原理結合數位創新商業模式的掌握,同時搭配制度經濟學對於台灣路徑依賴的分析,了解創新引進於台灣時可能遭受到扭曲與變化,讓台灣面臨產業提升與國際創新競爭下,一個可以作為指引的思考啟發。

撥開數位轉型迷霧　掌握數位經濟邏輯

數位轉型(digital transformation)在台灣這些年成為顯學,在世界代工產業鏈中受到經營壓力的企業,或是傳統產業成長困境,莫不把數位轉型當作是一顆萬靈丹,擁抱數位轉型成為一種潮流,紛紛認為採用新技術就能帶來新的商機,然而許多公司將數位轉型(digital transformation)等同於技術轉型(IT transformation),失去商機市場原理的判斷,這一個誤

認，給許多公司帶來不必要的損失。

　　從客戶端、伺服器、5G、雲端、微服務乃至區塊鏈，數十年來的技術偽裝成為商業模式，導致企業陷入一個或多個技術難題，最終使它們遠離成功的商業模式，有些企業陷入陷阱，以為它們所進行 IT 轉型與數位轉型是同一回事，或者至少認為會實現相同的目標。然而造成此一混亂的很大原因是由錯誤資訊所引起的，某些現有技術供應商從技術角度定義了數位轉型，並以此作為說服客戶採購設備的行銷手段。如果不是將策略放在客戶需求所驅動的數位轉換，而是朝著追求技術提升的方向，這種技術上的努力將會缺乏正確的方向。

　　鑑於技術在數位轉型中有著至關重要的作用，兩者的差異也需要釐清，IT 轉型關注技術架構提升為優先，而數位轉型則是關注客戶需求為優先，IT 轉型具有清晰明確的最終狀態，數位轉型是一系列動態決策過程，並非是單一步驟，轉型的不同階段都需要注意轉變是否真的來自於客戶需求，或者僅是來自於內部單位的技術需求。在許多情況下，兩種轉型是並行的，數位轉型需要端到端的重組，使業務流程改善與客戶需求的優先保持一致，其中包括文化、工作流程、商業實作、流程和模型、客戶體驗、他們如何與受眾和顧客互動，IT 必須既支持又參與這種調整。

　　因此，面對數位經濟的多樣面貌，作者群回歸到最原始的經濟活動的起源，從根源抽絲剝繭，讓大家在面對一系列數位

經濟眼花撩亂的討論中，定下心來，重新思考數位市場運作的經濟邏輯。

創造一個市場　解決一個問題

　　本書首章以科技革命帶來一連串的數位轉型，揭開探討科技的確改變人類的生活，Nicholas Negroponte 於 2014 年的《未來三十年的歷史》的 Ted 演講中談到，當初他說「運算不再只和電腦有關，它關係到我們的生活。」這句話在當時並未引起廣泛關注，之後慢慢受到重視。人們開始關注這句話是因為他們覺察到媒體並不是資訊，麥克魯漢更直言：「Medium is massage.」，指的就是媒體徹底改變我們生活、美學、倫理、工作，位元（digit）傳輸創造了網路此一虛擬世界（Cyber World）的產生，數位服務帶來使用者於時間與效能大幅度的提升，並改變過去經濟的模式，產生數位經濟。面對台灣現在於數位轉型的困境，包括迷失於數位轉型與技術轉型、e 化與數位化、策略與商業模式的概念混淆，較難掌握數位經濟中哪些經濟因素帶動經濟成長，因此本書的理念是商業模式的思考要有經濟學的基本功，數位轉型與企業轉型（Business Transformation）是相互交織的。數位轉型就是要帶來經濟與公司績效的提升，因此以客戶需求為出發，是主要的核心。數位經濟商業模式要成功首先要符合兩個條件：創造一

個市場，解決一個問題。其中要考量的經濟學因素有四個：供給／需求、市場結構、交易成本與因果關係。並應用兩個條件分析四個與數位經濟相關的經濟類型案例，讓我們看到國際業者是如何利用創造市場的經濟因素來符合客戶需求，成功創造新的經濟成長。

在第二篇中，本書認為數位商業模式兩個成功的關鍵，一是數位化與數位轉型，二是商業模式。在第一個成功關鍵，首先釐清 e 化與數位化的差異，在於數位價值，商品數位化除了本身技術帶來的便利外，對於客戶還具有數位價值，符合客戶的日常生活需求。接著，探討數位創新有技術驅動以及商業模式驅動的創新，技術驅動的創新如一種新的產品規格，如 LTE 與 WiMAX 的大戰，最後 LTE 大勝，但並不是每樣技術都會成功。二是商業模式驅動的數位創新，這部分我們分為三個層次探討，並指出營運模式創新與商業模式創新的差異點，如果能結合營運模式與商業模式的創新將能打造出一個全新的市場，也就是克雷頓・克里斯汀生的破壞式創新。在探討數位轉型時，挑選數位轉型國際企業經典案例，探討其轉型成功及失敗的原因，從中發現失敗案例幾個共同的錯誤，多半來自於啟動數位轉型的需求混淆，將組織所需要的 IT 轉型成為數位轉型的核心，因此無法創造新的營收，經常成為內部組織節省成本的技術架構，或是只達到部分同步數位轉型，無法推動到整個公司完全同步，成為公司的 DNA。第二個成功的關鍵因素

就是了解數位經濟的商業模式，事實上商業模式的創新是很少的，因此掌握全球數位經濟運用的商業模式就十分關鍵。本章首先分析各種新技術的營運模式創新適合哪種商業模式，再詳細探討十種數位經濟商業模式，以及哪些公司成功應用該商業模式獲利，同時也簡單介紹數位經濟營運模式的創新，包括平台經濟與 API 經濟。

結合市場需求的創新　推動經濟成長

第二篇則是以三個數位創新的營運模式探討國際與台灣引進新技術後發展的狀況，台灣在引進新技術的能力並不亞於國際，但是不論是在行動支付或是開放銀行都面臨了很大的挑戰。從國際行動支付的發展中，本書所分析的 PayPal、Apple Pay、支付寶與 M-Pesa，歸納出一個觀察，成功的案例如 PayPal、支付寶與 M-Pesa，都成功解決中小企業與微型企業的問題，並成功打造市場，其實包括最近在東南亞盛行的 Grab Pay 也是如此，而其中關鍵的因素在於該市場本身的金融服務稀缺，不利於中小企業與微型企業發展，也正因為如此行動支付成為 CGAP（Consultative Group to Assist the Poor）與世界銀行所關注的金融創新服務。然而 Apple Pay 相對而言並未成為一個成功的案例，或者說 Apple Pay 的市場定位本身就不是定義在微型支付上，而是取代實體信用卡，因此也不會有新

商業模式的誕生。

　　第二個開放銀行的案例目前全球都尚在發展中，主要分成兩個驅動力量，一個是政策驅動，一個則是市場驅動。若就政策驅動的國家來看，目前比較沒有明顯成功的案例，但是就市場驅動的國家，則有一些零星成功的案例，如 BBVA、DBS、花旗銀行、Yodlee、Mint、Fidor Bank，這些銀行早在開放銀行之前，就把 API 經濟當作它們的數位策略，同時利用平台經濟的特性，善用商業模式從 B 端收取使用費，壯大自己的金融生態圈，其中以 BBVA、DBS、花旗銀行的表現最為出色，它們兼顧零售客戶、開發者、企業的需求，以此作為開發金融服務 API 為主要考慮因素。然而台灣目前還膠著在與 TSP 的管理規範上，分級管理與資料共享成為主要的發展阻因，因此還很難能夠結合營運模式與商業模式創新創造經濟價值。

　　第三個案例則是演算法經濟，演算法經濟並不侷限於我們現在熱門談的大數據，本章主要著重於探討缺乏商業模式的演算法經濟，始終還是無法帶動產業升級，推動經濟發展，因此清楚了解演算法的基本數學是必要的，才能了解演算法可以解決哪部分的市場問題。所謂的演算法經濟就是廠商的市場策略是經過演算產生與執行，本章反思現在於區塊鏈與人工智慧的應用，缺乏創造一個市場的概念，因此企業經理人在思考相關應用時，除了了解其技術特色，必須把重心放在問題導向的商業模式，是否這個問題一定要用該技術才能解決？這個解決方

案是否能延伸出一個市場？才能如同 Netflix 真正找到新的商業模式。

打造數位創新商業模式　創造國家競爭優勢

　　第三篇作者提出四個經濟學原理，坊間有太多把專案管理的架構或是設計新產品的模式稱之為商業模式，我們希望商業模式對於創新有貢獻，就經濟學角度，商業模式是供給需求的制度經濟學，包含消費者角度的定價模式和供給者角度的創造現金流量模式。身為一位企業經理人，在進入市場時不僅只需要對於創新具有熱情，同時也能了解數位創新的經濟運作邏輯，方能於市場做出正確的判斷。

　　四個經濟學原理分別是：供給與需求、市場結構、交易成本、因果經濟學，作者以一個簡單的市場商機矩陣說明供給與需求的關係發展，並探討需求的價格彈性，當我們在做市場定價時，即可考慮使用哪種模式適合市場需求。回到本書的一個口訣：創造一個市場，解決一個問題。市場結構就是說明如何創造廠商的競爭優勢，尤其是序列競爭是數位商品市場的一個重要特質，大者恆大，其中我們又可以從規模經濟、範疇經濟與產品差異化思考如何打造市場，如果廠商成功創造一個具有進入障礙的市場，來解決需求問題，這就是一個成功的商業模式，才不會大部分的資金都投注在紅海策略當中。

第三個經濟學原理交易成本則是源自於 North 的制度經濟學，他認為個體對於經濟選擇和動機與解讀環境有很大的關係，動機不一定效用極大化的選擇，有時候來自於文化的，環境則解釋制度對於人的影響。另外最重要的則是交易成本的降低，結合 North 的制度經濟學還有一個優點，就是了解不同經濟體的路徑依賴模式，比方說為何新技術引進台灣無法成功，台灣經濟結構或是政治結構如何影響創新的發展，導致某些創新在台灣無法落地生根，如何讓體制轉型成為可以創新的環境也是一種思考方式。

第四個則是因果關係經濟學，也就是計量經濟學處理的問題，面對導致商業模式真正成功的因素需要因果經濟學的訓練，也就是排除掉許多內生性的因素，才能找出該模式成功的原因，也能避免在進行數位創新時落入 IT 陷阱或是組織發展的陷阱之中。最後，本書則以行動支付作為一個完整的分析案例，以四個經濟原理分析台灣行動支付發展的狀況與問題，以及是否需要再投入資源於行動支付市場之上。

每家公司的數位轉型都有自己的文化基因，一位好的數位長除了了解市場需求，改變企業經營的模式，改變員工 mindset，還要打造公司的數位文化，並且同時創造市場差異性，以及創造國際競爭優勢，這都需要一個一個企業經理人的投入支持。如同台灣的產業轉型，在 1970 年代台灣推動十大建設刺激經濟，奠定台灣現在的經濟基礎，不僅是有孫運璿、

　　李國鼎等政策制定者的眼光，同時有前仆後繼的專業經理人的投入，希望在危機中生存的台灣，能在這波數位經濟發展中掌握先機，成功完成國家與產業的數位轉型。

01

科技革命：數位轉型一點靈

1.1 科技革命塑造傳播位元世界

科技革命時代的來臨，人類在面臨第一次機械生產帶來工業革命（1760-1840 年）後，之後經歷了電氣化（19 世紀末）、電腦化的工業革命（1960-2000 年），技術革命改變人類的思維模式，也帶來經濟體制與生活模式的改變，在 1960 年代，因為網路與傳播技術的演進，Fritz Machlup 在 1962 年出版的《美國的知識生產與分配》（*The Production and Distribution of Knowledge in the United States*），首度探討知識傳播的經濟價值，接著，在 1970 年代 Bell、Porat 提出資訊經濟的概念，更將經濟分為兩個範疇，一個是涉及物質及能源的經濟行為，一個是涉及資訊的經濟行為，然後知識經濟不同於資訊經濟，它的範圍寬廣包含所有學科，資訊經濟主要是以資訊科技為主發展的經濟產業。這個時間人們關注的焦點是資訊經濟在已發展國家及發展中國家之前的數位落差或是互相依賴的程度。然後在 Wilson Dizard 的研究中將 Porat 的兩個部門，延伸為三個階段，並認為資訊工具的普及化，才能推動資訊社會的形成。Bell 認為以技術秩序取代自然秩序的轉變，社會的

問題被簡化為科技議題，亦決定有哪些議題的重要性高低，後工業時期理論性知識影響組織決策與方針。

對於人類受到傳播科技的影響，最具未來觀點的就屬於麥克魯漢，他在 1965 年的《透視媒體》指出，人類受到各種媒體的中介影響會擴展其認知狀態，拓展自己的能力，這個理論比半機器人（Cyborg）以及大家熟悉 AI 時代的擴增能力說法，足足早了半個世紀，當時的媒體只有發展到廣播、電影與電視。到了 1990 年代 Frank Webster 提出了資訊社會理論已經成形，並探討資訊社會的本質，「資訊」已經變成我們所生活時代的一個象徵。

1995 年 Nicholas Negroponte 在《數位革命》中提出：「Move bits, not atoms.」，意思是「由原子的世界蛻變至位元世界」，成為傳遞資訊最主要的媒介。1998 年 Manuel Castells 提出網路社會的崛起，認為資訊傳播科技已經發展出網路社會，電子中介的網路，支撐知識和資訊的傳播發展，資訊經濟的特徵是新形態組織的發展，此一新的組織邏輯與近來的科技變革過程相關，卻不受制於它。新技術範型與新組織邏輯兩者的聚合及互動構成了新資訊化經濟的歷史基礎。在 1980 年代資訊科技擴張，人們認為它是改良及轉化產業的神奇工具，公司在導入資訊技術的同時，卻沒有進行基本的組織變革，反而導致了科層化與組織僵化。另一方面，Dieter Ernst 說明了組織要求及技術變遷之間的聚合，使網路化成為新全球經濟中競爭

的基本形勢。在技術快速變遷的情形下，網路而非廠商，才是實際的操作單位。也就是說在新經濟的時代，資訊化／全球化經濟組織形式就是網路企業，網路企業能有效率處理訊息與產生知識，能夠適應全球經濟複雜的關係，並在文化、技術及制度快速變遷下，具有充分的彈性，在目標轉變時，方法也能立刻轉變，並具有創新的能力，網路企業將資訊化／全球化經濟組織物質化，藉由處理知識，將信號轉變為商品。

　　除了資訊經濟，1990 年有些人提出新經濟的看法，新經濟理論認為，由於經濟全球化和資訊技術進步，可保持低度物價膨脹率和低度失業率，經濟可以持續成長。數位經濟一詞則是 1992 年被 Don Tapscott 在「位元化經濟時代」指出，在舊時代的體系中，資訊得靠實體的傳輸，但在新的經濟體系下，所有資訊都已位元化：簡化為位元儲存於電腦，並且以網路相互傳遞。這種突破時空限制的特性，將改變個人的工作與生活、企業競爭及政府政策。

　　第四次工業革命始於這個世紀之交，是在數位革命的基礎上發展起來的，網路變得無所不在，行動性大幅提高；物聯網興起；與此同時，人工智慧和機器學習也開始受到重視。第一次工業革命走向世界花了 120 年，網路僅用了不到 10 年的時間，便傳到了世界各個角落。第四次工業革命不限於智慧聯網的機器與系統，是物理、數位與生物的科技創新，因此這次的創新將帶來人類生活更大的改變，不僅僅是隨需服務或是物聯

網，這一波的工業革命，對於人類自身、經濟結構、工作型態帶來巨大的轉變。

工業經濟的引擎是供給面規模經濟所驅動，以巨大的固定成本、低邊際成本，控制資源提升效率，百年工業革命提供豐富商品，從汽車到家電，原本的奢侈品已變成必需品。1970年代已開發國家產業出現供過於求的狀況，由賣方市場逐漸轉為買方市場。然而，網路經濟驅動力是需求面規模經濟－需求聚合（demand aggregation），因此造就網路效應。促成阿里巴巴、Google，以及臉書的誕生。

從歷史的觀點來看，看似人類經歷了四次工業革命，實際上，工業革命的發展並非線性，它隨著各國的經濟結構不同而產生不同的變化，即使在同一個時間點，每個國家可能都在不同階段，有些國家還在累積原始資本，有些國家已經跨入第四次工業革命，同一國家的不同市場也可能在不同的轉型階段，因此面對不同的市場，要採取多層次的策略與商業模式，也需要能看見市場的商業眼光，在無中看見有，在有中看見變化。

1.2　突破代工侷限邁向創新思維

商業模式的創新，改變了各行各業的面貌，並重新分配高達數百億美元的價值。過去 25 年成立的 27 家公司中，有 11 家曾在過去十年間，以商業模式創新的方式，成功地躋身

《財星》（*Fortune*）雜誌前五百大企業。但像蘋果這種經營有成的公司，還能寫下商業模式創新的故事並不多見。最近美國管理協會（American Management Association）研究報告指出，全球性公司的創新投資中，用來發展新的商業模式的不到10%[1]。

　　對台灣而言，我們的主要經濟動力來自於加工製造業，台灣在經濟或是在教育的思維都是以發展第二次工業革命的製造業為核心，也因為全球產業鏈的因素，台灣對於科技創新的研發多半著重在於技術發展，而非是深度的技術研究。因此在進入第三波工業革命時，軟體只是硬體附屬的思維也影響了產業發展的方向，軟體開發以系統整合為主，並非是核心軟體研發做主要導向，因此在軟體語言開發，我們並未發展出自己的設計，大家耳熟能詳 Ruby 是日本開發的、Python 是美國設計的、R 是紐西蘭團隊設計等等。技術能力不是台灣科技業界所欠缺的，這一波數位創新產生許多中小型的新創公司，很多公司投入區塊鏈或 AI 產品研發，它們都具備優良的技術能力，但是在接觸過程中，發現它們的產品雖然用了很多創新程式語言，但是並未符合客戶需求，另外一項缺點就是雖然它們有不錯的產品，但是很少具備商業模式的思維，再加上我們商業人才缺乏區域及全球經驗視野，因此新創在進入市場很難生存也

1　M.W. Johnson, C.M. Christensen, H.Kagermann（2020），商業模式再創新，台北：哈佛商業評論。

是因為如此。

回顧 2000 年網路泡沫化後，台灣本土的網站品牌逐漸被國際平台整併而消失，後來興起的是國內的電商產業，並未走出台灣，甚至，自 2007 年蘋果推出 iPhone 的這十多年間，台灣都沒有成功推出台灣品牌的通訊軟體，或出現產業融合或是 App 經濟的標竿業者，數位產業不同於製造業採取分工思維，它是以網路效應在運作，因此大者恆大，具有序列競爭的性質，需要同時了解企業端與消費端的市場需求。

數位科技的創新，需要建立在解決使用者的痛點上，因此它就不單純是一項技術創新的議題，同時要兼具對於人類社會與行為的觀察力，對於既有市場的洞察力，因此「科技來自於人性」這句話，也可以理解為科技來自於人的需求，一項好的數位產品創新，必需能符合人類最原始的本能：需求。作為一位創新者，如果具備兩種能力，一是看到現有市場不被滿足的需求，也就是供給不足，也是人們常說的商機；二是能創造出有明顯的需求與差異化的供給，成為一個市場，市場的差異化就是創新的商業模式，他就具備成功的基本條件。再之，是看到未來市場的需求趨勢，提供超越人們想像的供給，以及成功的創造出一個具有進入障礙的市場，如兩種能力相乘則會激盪出劃時代的創新商業模式。

1.3 數位創新決策前三個思考點

　　成熟企業看到成功的新創企業，紛紛思考著若公司進行數位轉型，將既有的商業模式或產品數位化，是否能讓企業恢復成長動能需要再考慮。如 Uber、Airbnb、Slack、Instagram、Pinterest，市值都超過百億美元。人們可能會認為它們成功的關鍵是創新科技、數位平台，以及數位原住民的客群。事實上它們成功的祕訣在於能夠協助顧客解決問題，讓顧客滿意。換句話說，它們都擁有優異的商業模式，滿足顧客真實的需求，只是有的很明顯易見，有的則否。

　　然而，成熟企業在面對數位轉型時，與原生的數位新創進入市場思考的點不一樣，成熟企業除了要考慮新舊商品與產業線的替換問題，企業數位轉型要成功，在正式進入數位轉型規劃時，必須問一個最基本的問題：梳理數位科技創新時經常會混淆的概念，你的商品究竟是商品數位化／數位化商品？你的商品帶給客戶什麼數位價值，還是只是 e 化的商品。

　　新創的挑戰是定義你的商品，台灣傳統是代工業的概念，我們是供應鏈中的一環，所以不需要去定義商品，距離教育與了解消費者非常遠。新創企業的難度在於看到技術和產品概念，還要去教育客戶和使用者，對一個新創而言是不容易的，甚至大部分新創是沒辦法存活的。新創企業則是要問自己的商品是否真的解決客戶的問題，帶來客戶的數位價值。第二步

才是構想商業模式，如技術創新與商業模式創新搭配時，哪一種搭配方式對市場的影響最大。第三步則是選擇適合你公司或產品的數位商業模式，並分析公司要改變多少才能成功創造市場。如此一來，才能明白是否可運用既有的商業模式和組織，還是必須成立新單位來執行新的商業模式。

	成熟企業	新創企業
目標	數位轉型，創造新的成長曲線。	進入市場，獲得客戶喜愛，創造營收。
思考點 1	商品數位化／數位化商品	商品帶給客戶的數位價值，是否真的解決客戶問題
思考點 2	商業模式定位	商業模式定位
思考點 3	選擇哪種商業模式	選擇哪種商業模式

思考點 1：究竟是商品數位化／數位化商品？如何定義你的商品？

需求不確定是經營市場面臨的挑戰，通常也是事業的主要風險來源。降低這種風險的一種方式，是改變公司的產品或服務組合。新創公司能帶來巨大的市場價值，並不只是因為它們投入數位技術，而是成功的顧客價值主張，能創造獲利並擴大規模。並非只是做一個 App 或是商城就是數位化，因此數位經濟的商業模式，也是來自於商品帶給客戶的數位價值。比

方說 Amazon 除了販售商品，它也了解客戶，不僅提供商品偏好，也提供快速的物流與退換貨服務，讓客戶線上購物，比實地購物來得更方便。Ubereats 也並非只是將餐廳上架，而是開拓出另外一個平日不叫外帶的市場，並且開發出不同時段的客戶，方便的到貨付款，更是給消費者帶來良好的數位體驗。或者是 Pinterest 可讓使用者用視覺化方式，分享彼此有興趣的事物，或是透過圖片販賣商品。

思考點 2：技術創新／商業模式創新？如何發現新的市場？

新的傳播技術／科技出現並不會完全消滅舊的傳播技術／科技，如書籍、電影、電視、網路、手機，它們之間屬於取代的關係，在新傳播媒介／科技出現時，也會引起規格大戰，通常只會留下一到兩個規格，如在 4G 規格大戰中 WiMAX 在和 LTE 的競爭中失敗，就是經典案例。擁有技術創新，或是採用隨選服務商業模式的成功企業，不一定是創造出全新的市場。例如優步（Uber）的隨需服務，與特斯拉的電動車，都是透過提供更好的產品、更方便的服務，搶占市場獲利率最高的客戶。新市場指的是過去不存在的市場，並重新定義消費者，比方說佳能的小型影印機創造了個人影印機的消費市場。1980年代，以 Betamax 和 VHS 的錄影帶規格大戰，後來 VHS 可錄製時間長達 2 小時勝過 Betamax。1985 年的百視達在錄影帶

規格戰後興起，以租賃錄影帶為商業模式，2004 年百視達擁有9,000 多間分店，但隨著數位電視的出現，隨選視訊（Video on demand, VOD）出現，改變了原本頻道經營的方式，以及頻道改為訂閱制，到後來 Netflix 專以提供串流媒體，以訂閱制提供數位電影服務，從年輕人的市場拓及到大眾市場，Netflix 打敗了百視達。Brett King 在 Bank4.0 裡面也提到未來的銀行將不是以帳戶與客戶發生互動，而是以虛擬錢包的形式，將以全新的方式建立與客戶的關係，因此銀行不再是客戶需要依賴並建立關係的產業。

思考點 3：你該選擇哪種商業模式？

商業模式創新可望帶來的經濟成長，為什麼那麼難實現？主要原因，是很多人把策略等同於商業模式，這也經常讓人混淆；商業模式說明你的業務（business）如何運作，可能是不同的生產方式、定價方式、銷售方式。競爭策略則是解釋你要如何做才會勝過競爭對手。企業很少研究自己的商業模式，以及自己的優勢與限制，因此在轉型時，都會遇到商業模式創新的困難。商業模式的創新，往往牽涉到外界看不見的改變，因此具備難以複製的優勢。

台灣各行各業也投入數位轉型的行列，以及成立許多科技創新中心，但是因為整體經濟結構的影響，我們在數位轉型上很容易落入 e 化、而非數位化的轉變，e 化不等於數位化，如

同經營電商，不僅是把商品搬到網路上，變成網路商城，而是具備網路時代的平台思維。正如數位轉型一樣，重要的是企業本身的轉型，數位經濟轉型重點是經濟轉型，因此了解數位經濟中哪些經濟因素帶動成長是基本功。

　　面對於台灣現在的困境，本書提供經濟學的思考工具，核心理念是商業模式思考要有經濟學的基本功，了解市場運作的經濟邏輯，再了解全球創新商業模式，從中找到適合自身企業的模式。本書從經濟學的角度分析一個成功的商業模式，首先要符合兩個條件：**創造一個市場，解決一個問題**。同時以四個經濟學原理協助釐清打造商業模式時，需思考的經濟因素，四個經濟學原理分別是需求／供給、市場結構、交易成本與因果關係。本書於第二篇將會更深入探討四項經濟原理如何協助企業發展商業模式。

1.4　數位商業模式經濟學四大原理淺談

　　四項原理中最重要的是原理一與原理二，也就是解決一個問題，及創造一個市場，原理三與原理四是設計該商業模式需檢視的地方，可以讓商業模式更加有效能。我們先從原理一與原理二的角度理解商業模式的運作：

數位商業模式經濟學分析

• 有無需求
• 有無供給

需求供給

交易成本

• 資訊不對稱
• 搜尋成本
• 契約成本

創造一個市場
解決一個問題

• 市場競爭
• 競爭優勢

市場結構

因果關係

• 異質性
• 內生性

▷ 圖 1-1　數位商業模式經濟學

原理 1：需求與供給（解決一個問題）

　　為客戶解決問題與創造價值的方式，即使顧客還無法清楚表達需求，必須符合市場需求，並必須能夠持續穩定解決客戶需求，讓公司必須能夠獲利，讓營運確實創造並取得價值，也就是以需求為出發的經濟學思維，再配合供給的規模經濟效用，讓此商業模式得以為市場所接受。

原理 2：市場結構（創造一個市場）

　　科技或市場環境改變時，許多產業領先者很快就失去原先的領導地位，這成為現今商場的常態。如 Sears 則把零

售市場的寶座拱手讓給了 WalMart；蘋果電腦公司（Apple Computer）引領個人電腦風騷多年，卻在競逐筆記型電腦的競賽中，整整晚了領先者五年。商業模式除了有效成功解決現代商業問題或是客戶的需求，要掌握領先就必須創造一個進入障礙較高的市場，以保持自己的商業模式不容易被複製。

　　創新除了看到商機、創造市場，更重要的是時機，時機的選擇對於企業來說，十分重要。除了時機（時間因素）之外，還要看現在所處的位置（空間因素），也就是當下的環境與你所具備的資源能力，市場的先進者將掌握一定的先機，但是也

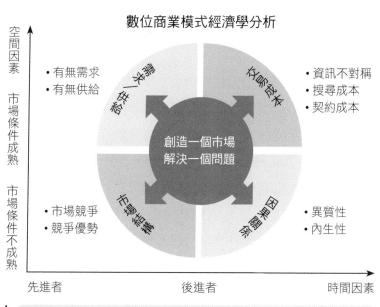

圖 1-2　數位商業模式經濟學時空因素

必須注意國家經濟結構與市場結構的成熟度，考量企業的商業模式是否能成功。

 **案例一** 隨需經濟（on-demand economy）

1990：隨選視訊。

1996：Amazon 成立。

1997：Netflix 成立。

2009：Uber 成立。

2013：Washio 成立（線上洗衣）、BloomThat（鮮花配送）、Medicast（醫生上門服務）、Shyp（便捷發貨服務）、SpoonRocket（重模式的餐飲預訂）。

　　隨需概念並不是什麼新的概念，早在 1990 年初期，因為系統商與頻道商掌握閱聽人的收視內容，開始有人提供依照個人喜好、不受時間約束、不用儲存影像檔案的可即時收看的隨選視訊（video on demand）服務，早期受限於頻寬的不足，在 2000 年以前由於網際網路的頻寬不足以充分支援視訊與影音多媒體資料的傳輸，故而 VOD 的市場並未熱絡發展。

　　後來寬頻技術進步，透過 ADSL 網路與 Cable 銅軸電纜傳輸影音訊號，現在則是以光纖傳輸至客戶家中。傳輸到客戶家中的機上盒（set-top-box, STB），以解調（demodulation）、解多工（de-multiplex）、解壓縮（decompression）等串流影

音技術傳輸影像，以及便利的微型支付功能，產生新的商業服務類型，如「按片付費」（pay-per-view, PPV）等。這些轉變都來自於閱聽人希望可以不只是看電視，而是更貼近他們或家庭的需求，更有主動的選擇權安排自己的影音頻道，現在隨選視訊更進一步發展成為 Netflix 隨選媒體的需求。

解決一個問題

當今的隨需市場領導者已經創造了成功的商業模型，該商業模型能夠以比其前任產品更具成本效益、可擴展性和高效的方式滿足消費者的需求。隨需服務（On-demand Service）係指科技公司「按顧客所需」或藉由「即時提供」產品與服務以滿足顧客需求的一種經濟活動與服務型態。隨選服務興起的原因包含行動網路普及、定位資訊應用、線上支付科技進步、彈性勞動需求等。

新的隨需業務在利用現有基礎架構的同時，行動商務也緊隨其後。透過智慧型手機進行的日常購買將導致歷史上消費模式發生最具變革性的變化，消費者只需輕按一下按鈕，就可以隨時隨地購買他們想要的任何商品。隨需應變的公司一直在為便利性而努力，並如雨後春筍般創立，食衣住行都有人投入，這些服務過去可能是屬於區域型或是外包服務，現在透過平台可以線上直接購買服務，按照自己的需求，不用配合店家，即可使用服務。

1. Shyp 使用快遞員來簡化運輸流程，快遞員可以收拾並打包物品，並以最低的可用價格快遞。曾經是最熱門的隨需創業公司之一，Shyp 於 2014 年首次推出時，最初為幾乎所有客戶想要運輸的物品提供隨需服務，Shyp 以 5 美元加郵費來收取、包裝並將物品運送到運輸公司。最終，它在 2016 年推出了不同的定價方式，因為它試圖找到新的業務模式方法，然後 Shyp 錯過了擴展到舊金山以外城市的目標後，於 2018 年 3 月關閉。Shyp 近來於 2019 年 1 月重新出發，並得到了天使投資人的支持。

2. Washio 成立（線上洗衣）乾洗上門取衣的隨需服務 O2O 公司，在美國芝加哥、波士頓、洛杉磯、舊金山和華盛頓五個城市提供服務。Washio 希望成為洗衣店的優步（Uber），客戶按下應用程式中的按鈕，讓某人來拿取髒衣服。最後，該公司收取 5.99 美元運費和每磅衣物 2.15 美元，另外附加服務費。與其它許多隨需創業公司（例如家庭清潔服務 Homejoy 和汽車租賃的 FlightCar）一樣，該業務從未達到收支平衡。

3. BloomThat（鮮花配送）的鮮花在 90 分鐘之內送達，BloomThat 只提供少數幾種鮮花套裝搭配選擇，力圖用專業度讓消費者減少選擇，訂單額超過 35 美元就免收配送費。在 2018 年被 FTD 集團併購，繼續維持鮮花配送服務，但是取消免費配送，開始以兌換里程／積分，以及鮮

花 7 天滿意保證期作為服務內容。

4. Medicast（醫生上門服務）於提供服務的區域，用戶透過點擊 App 就可以直接下單，附近的醫生會在 2 個小時內上門服務；每次的最低收費是 200 美元。2016 年為 Providence Health & Services 併購，他們擴大了數位服務的內容，但是醫生隨需服務沒有持續，為了改善醫病不平均的狀態，2020 年其子公司 LogistiCare Solutions，LLC 擴展了與 Lyft 的合作夥伴關係。將為全美數百萬依靠 LogistiCare 的客戶提供可靠且便捷的運輸，提供更多的醫療服務來滿足有醫療需求的人。

我們從隨需服務的發展可以發現，許多新創公司並未開展出新的商業模式，而是將既有的服務數位化，著重在營運模式的創新上，如洗衣、鮮花、快遞、醫生到府。洗衣很難交給一般具有閒暇時間的人洗，它需要一定的品質，不同於開車有一定的標準服務，醫生到府也是，醫療資源在美國是稀缺且昂貴的，不具備普及的市場，後來發展出協助需要醫療資源的接送服務，反而更貼近一般民眾的需求，同時也可以透過數位科技擴大其邊際效益，才能如 Uber、Booking.com 創造出較難超越的商業模式。

創造一個市場

創造一個市場，必須建立市場的競爭優勢，如果你的商業

模式很容易被競爭對手模仿，對手就會輕易取代你的市場地位，很快的這個商業模式就會被複製，市場會成為一片紅海。Netflix 的優點是擅長於自我改造，其創辦人 Reed Hastings 始終以局外人的方式檢視自家的商業模式，並動態調整現行的商業模式，並思考未來 5 到 10 年的市場發展方向。他們透過數位方式解決客戶的問題，以促進公司於營收目標的成長。

　　Netflix 於 1997 年開始提供 DVD 出租服務，用戶租四支片子並可以無限期歸還與無須滯納金，十年後，Netflix 引進串流技術，並在 2013 年自製《紙牌屋》（*House of Cards*），在 2016 年開始投入全球市場。Netflix 的商業模式採取的是訂閱制，它使用的演算法主要以客戶偏好內容加上分群偏好開發完成。工程師們基於多種因子分析用戶的使用習慣，因此當用戶使用 Netflix 服務時，推薦系統會根據下列因子去推算用戶喜好的內容[2]，提供個人推薦內容的個性化體驗：

1. 觀看者與 Netflix 服務（例如觀看者分級、觀看歷史記錄等）的互動。
2. 有關類別，發行年分、標題、種類等的資訊。
3. 具有相似的觀看偏好和品味的其他觀眾。
4. 觀眾觀看節目的持續時間。
5. 觀眾正在觀看的設備。

2　How Netflix's Recommendations System Works, https://help.netflix.com/en/node/100639。

6. 觀看者一天中的觀看時間—這是因為 Netflix 具有根據一
   天中的時間、一週間的一天、位置和觀看節目或電影的
   設備不同的觀看行為的數據。

Netflix 在其開創性的串流媒體領域面臨著激烈的競爭，迪
士尼、NBC Universal 和 FX 正在推出自己的媒體平台，甚至
蘋果和沃爾瑪也加入了競爭。這些公司也具有足夠的技術能力
與內容，加入這場影音大戰，也就是說 Netflix 必須推出更有
競爭力的商業模式，以保持自己在數位影音媒體上的優勢。

 **案例二**　訂閱經濟（Subscription Economy）

2001：Salesforce 推出首個 SaaS 模式的 CRM，2005 年推出
App Exchange 平台，用戶可隨需要訂閱，2007 年推出 Force.
com 的 PaaS 平台。

2001：蘋果 iTunes 發表，2003 年開啟 iTunes 商店的營運。

2002：金融時報啟動數位訂閱，2007 年推出計量付費牆。

2007：Netflix 推出第一款串流媒體產品 Watch Now，2013 年
自製影集《紙牌屋》一炮而紅。

2011：紐約時報付費牆每月前 10 篇文章免費，超過則收費。

2012：Adobe 推出 SaaS 服務，推出訂閱制。

訂閱經濟並非是一個新的商業模式，訂閱是媒體業常見的

收費方式，但是訂閱卻很少被應用在其它領域，尤其是在服務上。企業正在改變它們銷售產品和服務的方式。在過去十年中，我們看到了新型商業模式的爆炸式增長，這些商業模式旨在使客戶始終保持長期合作關係，例如 Netflix、Uber、Spotify、Salesforce、Zendesk 與 Box 等等。

在舊世界（產品經濟時代）中，一切都與事物有關。獲取新客戶、運輸商品、一次性交易計費。但是在這個新時代，一切都與人際關係有關。愈來愈多的客戶成為訂戶，因為圍繞服務構建的訂閱體驗比靜態產品或單一產品，更好地滿足了消費者的需求，關注客戶關係需要一種新的思維方式。

在訂閱經濟中每個客戶都是訂戶，公司必須採用新技術來管理整個訂戶生命週期，包括新訂戶獲取、訂戶管理（升級、降級、續訂及其它服務）、自動執行定期計費和付款，以及衡量經常性收入和訂閱指標。

訂閱經濟公司不是專注於「產品」或「交易」，而是依靠專注於客戶的能力而生存和死亡。增長的祕訣在於提供多通路的體驗和服務（隨著時間的推移會愈來愈好），因此，作為訂閱經濟中的企業，您的重點是保留現有訂戶，了解使用情況，核算經常性收入，尋找新的方法為客戶提供持續的價值以建立長期的忠誠度。

解決一個問題

當代的客戶，尤其是千禧世代與 Z 世代的年輕消費族群，他們對於所有權的觀念不同，比起永久擁有一項物品，他們想要的是即時體驗，2014 年 EIU（The Economist Intelligence Unit）在《Service on Demand: The future of Customer Service》報告中指出，80% 的業者已經準備好配合新時代客戶的消費者需求，包括訂閱、共享和租賃。消費者可以輕鬆的更換服務提供商，並迅速取消訂閱不流暢的服務體驗。因此，要贏得訂戶忠誠度的服務供應者，必須持續提供新的產品數位價值與服務體驗。訂閱制改變了企業處理客戶忠誠度、訂價與銷售方式。企業必須對於訂戶行為有清晰的了解，才能進行銷售、行銷與服務交付。訂閱制必須培養與每位訂戶的關係，善於使用訂閱制的公司，包括 Microsoft Office、Amazon Web Services 和 SaaS 商業應用程式。

訂閱購物提供了一種方便且低成本的方式，可以自動重複購買需要定期補充或收看一系列串流媒體的服務。它也對渴望獲得創新產品或個性化體驗的消費者產生了強烈的吸引力。如今，消費者幾乎可以訂閱任何產品，如化妝品、膳食包、隱形眼鏡、寵物食品、衣物、個人美容和牙科用品。確實，根據麥肯錫公司 2018 年公布的《New research on e-commerce consumers》的調查，有 61% 的線上購物者已經註冊了一個或多個訂閱，以週期性地接收產品或服務。

創造一個市場

　　訂閱成功將愈來愈取決於那些精細的、數據支持的細節，這當然包括訂閱付款的領域。根據 Zuor SEI 2019 的指數，商業服務與製造業的訂閱流失率最低，但是媒體業與製造業流失率分別達 37.1% 與 28.2%。

　　訂閱經濟在各行各業所占的規模與比例，根據 2020 年 Zuora 的 SEI 指數（Subscription Economy Index）的調查，訂閱制的營收在近十年中增長了 437%，全球有 78% 的人擁有訂閱服務，另外有 75% 的人認為未來會採用更多訂閱服務，超過擁有實體的商品。

　　在麥肯錫 *Thinking inside the subscription box: New research on e-commerce consumers* 指出訂閱模式可以分為三類：

　　第一種補充式（replenishment）訂閱模式是企業定期提供相同或相似的商品，從而透過節省時間或金錢來提供便利。Dollar Shave Club 刮鬍刀和 Stitch Fix 服裝，客戶使用亞馬遜的「訂閱和保存」功能自動執行常規商品購買。

　　第二種是展示型（curation）訂閱模式，精心挑選的不同商品，並且需要不同級別的消費者決策。例如：Birchbox 個性化美容產品訂閱服務和 Blue Apron 配料食譜服務。

　　第三是使用型（access）訂閱服務，透過音樂、電影、遊戲、串流媒體和軟體庫的形式向「會員」提供高級增值服務。包括 Netflix、Spotify 等平台。

另外，根據美國唱片公會（RIAA）[3]美國音樂總收入從 2019 年的 111 億美元增加至 2020 年的 122 億美元，增長 9.2%。現在，串流媒體占美國音樂總收入的 83%，付費訂閱占總收入的 64%。Zuora 的調查，與 2019 年相比，在 2020 年 3 月至 5 月之間，數位新聞和媒體類別的訂閱量增長了 110%。在其它產業也出現訂閱制取代過去收費模式的情形。

 **案例三** 平台經濟

1996：亞馬遜推出亞馬遜聯盟，2006 年結合第三方零售商，估計目前有 100 萬家。

1998：Google 成立搜尋引擎，2001 年推出 Page Rank。

2001：Apple iTunes 推出 iPod、iPad 從 iTunes 下載音樂，2007 年 iOS 隨著 iPhone 推出，後來成為手機作業系統。

2004：Facebook 在哈佛草創，2005 年正式推出。

2008：Airbnb 網站上線初期關注舊金山導致住房緊張的高規格活動。

2009：Uber 在舊金山正式推出服務，2010 年在亞太推出服務，2012 年推出菁英 Uber。

2015：UpWork 是美國自由職業者平台，2015 年與 Elance-

---

3 YEAR-END 2020 RIAA REVENUE STATISTIC，取自 https://www.riaa.com/wp-content/uploads/2021/02/2020-Year-End-Music-Industry-Revenue-Report.pdf

oDesk 合併成為 UpWork，為全世界各地自由工作者提出服務，每年提供 300 萬個工作。

平台業者集結生產者和消費者，促進高價值的交換（交易），平台業者的主要資產是資訊和互動，而業者創造的價值和競爭優勢都來自此。平台存在已久，過去是實體平台連結商業與消費者兩端，如量販店、百貨公司與便利超商，報紙連結讀者與廣告主。平台經濟出現，指的是數位平台大幅度降低經營業務時所需要的實體基礎設施與固定資產的必要性，數位平台是軟體、硬體、作業系統和網路的複雜混合體。關鍵方面是，它們為廣泛的用戶提供了一組共享的技術、技術和介面，用戶可以在穩定的底層構建所需的內容。

Google 和 Facebook 是提供搜尋和社群媒體的數位平台，但它們也提供了構建其它平台的基礎架構。亞馬遜是一個市場，Etsy 和 eBay 也是如此。Amazon Web Services 提供了其他人可以用來構建更多平台的基礎架構和工具。Airbnb 和 Uber 使用這些新進可用的雲工具來迫使各種現有業務發生深刻變化。它們共同推動了各種市場，工作安排的重組，最終創造了價值並獲得回報。這些數位平台的功能和結構各不相同。

2007 年時，蘋果還只是一家不具威脅性的弱勢公司，周遭是一些重量級大企業。當時蘋果在桌上型電腦作業系統的市占率不到 4%，而且尚未進入手機市場。蘋果（和對手 Google

的 Android 系統）勝過既有業者，利用了平台的威力，以及善用基於平台出現的新遊戲規則。平台業者集結生產者和消費者，促進高價值的交換（交易）。平台業者的主要資產是資訊和互動，而業者創造的價值和競爭優勢，都來自這些數位資產。

蘋果不只是把 iPhone 及它的作業系統當成一種產品或服務管道，而是經營平台的生態系統為主要策略，平台連結人們參與開發者與使用者的雙邊市場，隨著兩邊的參與者數目增加，平台創造的價值也隨之增加：這種現象名為「網路效應」。2019 年蘋果 App Store 支付開發者 350 億美元，開發者可得到 App 購買的 70% 收入，在訂閱的第二年上升到 85%，以此計算 App Store 的總收入約為 500 億美元。

Android 和 iOS 是平台，儘管它們在某種程度上限制了開發或銷售的方式，但它們通常向應用程式開發者開放。Android 還是硬體（手機和其它設備製造商）的平台，而不僅僅是接取介面。確實，作為平台中的平台，如當前的許多互聯網平台公司都使用 Amazon Web Services。這些平台中的許多平台吸引了無數的其它平台，這些貢獻者如果足夠豐富，便可以形成生態系統。

解決一個問題

平台經濟解決了一般線性企業無法解決的問題，平台不僅

降低企業間的雙向合作成本，也降低 B2C 和 C2C 之間的雙向合作成本，買賣雙方似乎從未如此方便地聯繫。平台還能夠彙整零碎化的資訊與個性化需求，促進與企業的有效聯繫，並成為對企業而言可觀的業務，使得原本受制於市場規模的個性化小生意愈來愈可能實現。增進市場的媒合效果，消除資訊不對稱的現象，聰明的平台還會投資培養使用者能力，讓使用者能透過平台分享資訊、交流意見，促進更多互動，促進「使用者為其他使用者創造價值」，更是網路效應的精髓。

創造一個市場

平台經濟同時彙集四種角色，「擁有者」、「供應者」、「生產者」、「消費者」。平台經濟有很多類型，有些我們早已熟知，有些是最近興起是消費者端生活需求的平台，我將它分為四類：

- 超級平台：從某種意義上說，網路本身就是基礎平台，正如蘋果的 iOS 和谷歌的 Android 是智慧型手機作業系統平台，並在其上構建了龐大的生態系統。其它還有，Amazon Web Services、Microsoft 的 Azure 和 Google Cloud Platform 有助於構建雲端服務。

- 免費的軟體平台：開發語言如 Python、R，另外像 GitHub 正在成為各種開源軟體程序的資料庫，其它如免費給中小企業使用的 ERP 系統 iDempiere 及人力資源系統

Zenefits。

- 媒合型服務平台：如工作中介平台，LinkedIn 讓獵人頭公司可以在平台上知道更多白領階級的資訊；或是 UpWork 媒合各種自由工作者與外包公司的需求；Airbnb 和 Lyft 更是經典的例子。其它媒合服務平台，金融則有如 Kickstarter 或 Indiegogo 等融資平台、PayPal 與支付寶等支付平台，或是 Transfergo 和 Transferwise 全球匯款的平台。

- 電商平台：大家熟知的是 Amazon、eBay、阿里巴巴和 Etsy，以及其它許多平台。如 Kickstarter 或 Indiegogo 等融資平台、PayPal 與支付寶等支付平台，或是 Transfergo 和 Transferwise 全球匯款的平台。

值得注意的是，不同形式的平台建構起的市場障礙不同，如超級平台的市場障礙很高，但是也可能不小心被其它新興媒介的平台所取代，若是像服務型平台則是面臨技術門檻不高、進入障礙低、商業模式相近的問題，既有廠商也會因為進入障礙（Entry Barriers）不高，而選擇加入戰局，因此動態調整自身的商業模式，才能利用平台的優勢持續發展。

 **案例四**　演算法經濟

演算法將改變現在的商業型態，世界經濟論壇（World

Economic Forum）的 2018 年未來就業報告（Future of Jobs）指出，到 2022 年，人機之間的分工（或 AI 的自動化）將取代 7,500 萬個工作，但會產生 1.33 億個新工作。在 Gartner 2019 年 *Top Strategic Predictions for 2019 and Beyond*，認為對於演算法經濟的三個發展至關重要：物聯網、演算法和商業模式，其中物聯網將成為最大推動力量。

隨著資訊科技的發展，演算法變得更加負擔得起，因此幾乎無處不在。Gartner 認為數據是不會說話的，真正的價值在演算法，演算法決定行動。演算法交易將會形成一個全球性的市場，世界各地的研究人員、工程師都能在這個市場上創造、分享乃至合成大規模的新算法。屆時，演算法也將變得像貨櫃一樣，能夠任意組和擴展，從而搭建適用於不同應用的架構。演算法經濟大致可以分為四個部分：

- 演算法業務：複雜數學演算法的工業化應用，促進商業決策與工業 4.0 發展。
- 演算法企業：企業從數據和處理該數據的演算法中獲得價值。
- 演算法市場：演算法企業類似於創造 App 經濟的應用商，App 經濟的本質是允許各種個人在全球範圍內發送與銷售設計的程式，不用向投資者宣傳他們的想法或建立自己的行銷與銷售。

• 演算法經濟：在演算法經濟中，公司可以購買、出售或交
易單一演算法或應用程式的一部分。不只是提供更智慧的
應用程式，而是提供使開發人員能夠使其程式更智慧的工
具，如共享功能演算法的應用程式為開發人員帶來了更多
的功能，並在市場上帶來了更多競爭。

Google、Yahoo 和 Bing 使用演算法來提供相關的搜尋結
果。蘋果使用演算法使 Siri 語音識別，蘋果甚至為該演算法申
請了專利，該演算法可使 Siri 在人無法接聽電話時提供智慧
回應。Facebook 的演算法在不斷發展，以確保為用戶提供更
好的體驗。諸如 Dell 等供應鏈公司繼續透過演算法優化其營
運。在其它許多領域，演算法已經慢慢持續地實施，從醫療健
保到執法，這些決定都會影響我們的生活。

解決一個問題

演算法最大的功能在於預測。過去二十年來，新的經濟－
人（需求）的經濟興起，它為個人提供了前所未有的機會來參
與全球價值創造和交流。此時，演算法經濟正在興起。在演算
法經濟中，演算法和運行演算法的設備（例如機器人）在經濟
價值創造中經常發揮積極作用，個人、企業和智慧裝置將構成
演算法經濟的主體，基於網際網路、物聯網通訊，基於演算法
思考決策，它們產生資料形成自己的生態系統。演算法代替我
們做決策時，它們會與其他組織互動，進行購買、訂購服務或

安排會議，它們便充當了經濟代理人的角色。

　　最為我們熟知的演算法密集產業，演算法經濟可以解決新經濟型態需要貼近客戶需求的大量運算，同時也可以解決跨國平台在交易成本上的問題，如 Airbnb、Booking.com、Amazon，交織著全球各地的資源，因此也許要演算法的技術支援。演算法密集產業是沿著隨需產業而產生的，為了更精準預測客戶的需求，因此需要大量的運算作用。

創造一個市場

　　演算法會產生經濟效益，有利益就會有市場進行交易，可能創造的新的模式與趨勢有：

1. 企業平台模式：以演算法為商業模式核心驅動力的企業，如亞馬遜 AWS、微軟 Azure、BAT 開放資料平台、Google、Facebook、Instagram 等。

2. 物聯網資訊匯流模式：物聯網連結物與人的需求，如智慧家電告訴我們什麼需要修復、什麼時候需要修復以及可以找誰來修復。醫療則有 Prognos 使用臨床演算法來診斷 30 多種疾病，該公司擁有 1,000 多種演算法，可確保疾病的早期預測改善醫療效果。

3. 人工智慧產品：如人臉辨識或是自動車駕駛、IBM 反詐欺偵測 AI，Predictive Hire 可以透過其演算法方法改變您的招募經驗。

創新實驗室

1. 如果您是新創，進入市場您需要思考哪些問題？

2. 如果您是既有產業轉型，進入市場您需要思考哪些問題？

3. 您的產品是否符合解決一個問題，並創造一個市場？

Part 1
兩個成功的關鍵

過去我們討論著人類社會變遷是文化因素，還是技術因素所驅動，然而在今日，科技的力量已經強大到融入我們生活的每個部分，因此產生了數位原住民或是千禧世代等說法，也轉變過去消費文化對於閒暇的概念，以前的閒暇是打馬球，現在的閒暇可能是用來打電動或是玩線上遊戲，電腦將消費文化數位化為 0 與 1 的關係，Paul Levinson 認為電腦和電話都具有互動性，需要使用者全面參與，所以「Web 2.0」時代，提出「the user is message」的論述，也象徵數據時代的來臨。工業 4.0 奠基在數位化上，其連結著消費社會的心理轉變，消費者開始追求以個人化或是隨需服務的滿足，連帶著廣告也透過數據分析的方式，從過去創造需求到按照客戶的喜好提供需要的廣告訊息，這個時代了解客戶的痛點，提供的服務才能創造成功的商業模式。

西班牙 IESE 商學院的策略管理與經濟學講座教授瓊安·瑪格瑞塔（Joan Magretta）將商業模式定義為「說明企業如何運作的故事」，她回溯彼得·杜拉克（Peter F. Drucker）說明商業模式就是對下列問題的解答：你的顧客是誰？顧客重視的是什麼？你如何以適當成本實現價值[1]？商業模式是在 1960 年代之後才逐漸成為管理學的研究主題，至今並未有完整範疇的學科理論，學者會從不同角度研究，Johnson 提出商業模式由

1　R. Casadesus-Masanell and J.E. Ricart（2011），*How to Design a Winning Business Model*, Harvard Business Review.

顧客價值主張（CVP）、利潤公式、關鍵資源、關鍵過程四個要素組成[2]。Lindgardt 則提出商業模式創新，包括價值主張和營模運式兩個因子，每個因素又分別包含若干個次要因子，可以透過因素重組來實現商業模式創新[3]。對於商業模式的界定，構成因素學者們意見不一，但是有一點是共同的，就是商業模式的營收因子。本書嘗試從經濟學的角度分析商業模式在市場成功的因素，以經濟學原理提供商業模式創新一個可以在不同國家及市場可以思考的切入點。

　　本篇第二章討論商業模式的兩個成功的關鍵，是了解公司數位策略是「商品數位化」或是「數位化商品」，第三章介紹數位時代的商業模式有哪些，公司數位商品或是數位轉型適合哪種商業模式？商業模式的創新是件不容易的事，通常很長一段時間才會有一個新的商業模式出現，如訂閱制或是免費增值或高級增值模式（freemium/premium）。

　　第二章由商品的角度探討數位化的問題。商品（Commodity）是經濟學的一個概念，作為一個產品經理或是新創公司，通常我們會著重在產品的設計與技術突破，但是經常忽略的一點就是我們是否有解決市場的痛點，市場的痛點指

2　M.Johnson（2010），白地策略：打造無法模仿的市場新規則（*Seizing the White Space: Business Model Innovation for Growth and Renewal*），台北：天下文化。

3　Lindgadt Z, Reeves M Stalk G and M S Deimler，Business model innovation- When the game gets tough, change the game [J]，The Boston Consulting Group. 2009（9）：1-8.

的是需求未被滿足的地方，也就是市場失靈的供需不平衡狀態，創新需要回歸到經濟原則，在設計產品的過程中必須具備經濟學的商品思維，仔細探討這項產品是否具備其商品價值，能成功地創造一個市場。具備商品的經濟思維，才不容易設計出沒有真實需求的產品，這也是眾多引入台灣的新科技遇到的問題，比如說這個問題是否真的需要區塊鏈來解決？共識決與不可逆性是否真的象徵信任？區塊鏈的商業模式是什麼？這樣的疑問也可以套用在其它新科技或創新導入台灣市場的思考點。

本章的核心理念探討數位時代中數位化商品的成功與失敗原因，數位化商品最重要的就是服務與產品的數位價值高低，數位價值包括客戶的需求、降低交易成本，以及該商品（服務）的用途，在什麼情境中使用，因為用途都在日常生活場景出現，而且會持續、反覆地產生，因此商品的數位價值就是以創新技術滿足客戶的需求與增加客戶在用途上的數位體驗，改善客戶在日常情境的使用問題。比方說 Netflix 提供的影音服務就是在家裡有看電影的需求，並且可能跟家人一起使用，因此 Netflix 透過演算法可分析家庭成員喜愛的內容。Netflix 解決了想看電影的需求、降低搜尋成本，並且提供家人需要的內容、降低必須去租借影片與選擇的困擾。或是 Blendle 可以推薦我喜愛的新聞牆，不用再花時間，就可將喜愛媒體中最具特色的版面一次閱讀，不僅節省搜尋成本，同時讓我可以了解不

同媒體的觀點，兼具大眾媒體與個人化媒體的特色。另外，像是使用 Amazon 也是在其服務中加入演算法的價值，以及會員的數位價值服務。支付寶則是在支付工具外，加上餘額寶以及芝麻信用的服務。

第三章介紹數位商業模式，我們探討商業模式（Business Model）與營運模式（Operational Model）的不同，因為科技的進步有許多人會將兩者混合在一起，科技的進步可能解決一個市場失靈的問題，帶來新的營運模式；也可能科技本身就是商品，產生一個市場，如比特幣。

本書第二篇將由經濟學的角度分析商業模式（Business Model），會由需求供給、市場結構、交易成本及因果關係構成一個成功的商業模式，在微觀的層面商業模式可以被理解為業務模式（Sales Model），回到本書的核心理念「解決一個問題，創造一個市場」，透過四個經濟學原理思考商業模式需要的架構。營運模式（Operational Model）則是新科技帶來的商業運作方式，技術的進步創造了新的營運模式的可能性，因此數位經濟時代出現許多創新的營運模式，包括平台經濟、API 經濟、隨需經濟、演算法經濟、零工經濟、共享經濟、互聯網金融、開放銀行等，都是因為科技發展到了一個爆發點，創造新的市場與克服交易成本，讓新的數位經濟營運模式得以產生。也就是說商業模式是心法，營運模式則是外功，讓商業模式創造新市場的商業活動得以發揮的形式。

>> 數位商品規劃三部曲

　　新創 pitch 一般會從解決市場或是消費者的痛點開始，接著是商品是什麼、商品帶來的數位價值是什麼，再來是你的商業計畫是什麼，其中包括營運模式與商業模式。本章分析了平台經濟、API 經濟等營運模式，主要是在這兩個營運模式是其它營運模式的基礎，不論是隨需經濟、零工經濟、共享經濟、互聯網金融、開放銀行都含有這兩者的基本觀念在其中，並介紹 10 個商業模式，探討各國業者是應用哪一種模式成功，提供給釐清營運模式並推出數位化商品的創新業者一個思考的切入點，思考清楚商業模式，才能有成功的商業計畫。

02

數位化與數位轉型

　　所謂數位轉型，意指在各種數位科技逐漸發展成熟，且成本不斷降低的情況，企業透過這些新興科技疊加運用，深刻改變公司當前的經營模式，產生全新數位化的產品服務、營運流程及商業模式，而帶來的新商業機會的過程。

——世界經濟論壇 WEF

2.1　商品數位化或商業模式？

　　數位化或數位轉型都不必然涉及商業模式。例如：視覺藝術（Visual Arts）採用了很多數位科技將業務數位化，然而，業者認為數位科技的創新之處對他們在於行銷，而不是商業模式。這個章節主要在探討創新的種類，提供你在邁向創新路途上，檢視自己的一張數位科技檢核表（見章尾），讓你可以維持清醒地思考自我定位，了解創新產品的數位價值、創新面向（商業模式或是技術創新）、數位轉型策略是否真的帶來企業轉型。

　　在《你確信自己有策略嗎？》一文中，Donald C.

Hambrick 和 James W. Frederickson[1] 兩人提供了一個非常實用的辦法來教大家如何制定清晰的策略計畫。他們確認了策略的五個要素：競爭領域（企業應該在哪裡開展競爭）、實現方法（如何進入該領域）、差異因子（如何贏得市場）、實現步驟（行動的順序和速度）以及處在模型核心位置的商業模式（企業如何獲取利潤）。成功的策略其核心是商業模式，這個商業模式只有一個問題：我們如何獲取利潤？

數位經濟帶來企業對商品數位化與數位化商品的創新需求，在進入本章之前，首先釐清的是不是把原有的服務／產品 e 化就叫數位化。很多公司在規劃商品上，會認為讓現有商品數位化就是推出數位商品，如同銀行的商品服務提供網路服務就認為等同於數位化，包括線上信貸申請、轉帳服務、行動銀行或是基金申購，這些服務的 e 化不等於數位化商品。或是實體商店做一個 App 就能變成電商，台灣實體商店數位轉型成功的案例有全家便利商店與全聯超市，全聯超市的店員對於 PX Pay 的熟悉與操作技巧都能良好地掌握，打破大家對於超市店員的刻板印象，同時全聯客戶也突破客戶年齡層，讓 40-50 歲的族群都願意使用這個 App。

商品數位化的精義在於科技改變原有商品型態或是創造出新的商品，讓商品除了本身的價值之外，還具備了**數位的**

---

1 Donald C. Hambrick and James W, Fredrickson, Are you sure you have a strategy?, *Academy of Management Executive*, 2001. Vol. 15, No.4.

價值。比方說過去必須賣一張 CD，現在一首歌就可以作為商品，因為科技進步使商品能以位元化的單位售出，如 iTunes 或 Spotify；依此例，其數位價值則在於「隨時隨地都能方便地聽」，還有更好的整理與聆聽功能，如推薦、分享和收藏。

另外，過去的信貸必須是由銀行擔任債權人，因為科技進步，債權可以分開買賣管理，如中國宜信貸、美國 Lending Club、德國 Auxmoney、日本的 Aqush。甚至包括數據產品的規劃，數據產品必須可讓企業提供預測及行動方案，讓數據說話，並非只是提供數位資訊環境讓我們參考的 e 化而已。因此，企業必須了解在數位商品規劃、數位商業模式、數位營運模式、數位轉型策略的方向。

2.2　技術創新？商業模式創新？

企業的成長一定需要創新嗎？成長不一定需要創新，但創新的確是最好的方法，其中商業模式的創新，往往是最值錢的創新。

——台積電創辦人張忠謀

在創新領域，有所謂技術創新和商業模式創新之分。許多人認為技術創新才是核心競爭力和長遠發展之計。但在全球半導體產業中，張忠謀卻憑藉一個商業模式創新的想法，打造出

台積電的商業奇蹟。張忠謀認為技術創新固然重要，但商業模式創新往往是最值錢的創新[2]。在七、八十年代，張忠謀坦言最羨慕的商業模式創新就是星巴克。「一夜之間，本來是只要三毛、四毛錢的咖啡，它把它變成三塊錢，提高了大家對這個咖啡的品味，非常成功。」而最近二、三十年，以網際網路為基礎的商業模式的創新，是最重要的商業模式創新。「騰訊、阿里巴巴都是商業模式創新，這是在大陸。在美國又有谷歌、亞馬遜，我是覺得商業模式的創新是最值錢的。」

2007 年 6 月 29 日全球迎來了最大的技術創新產品，蘋果公司（Apple）推出了第一代 iPhone，也推出新的手機平台 App Store，創造 App 經濟的爆發，當時企業對於行動載具的商業模式還很生疏，還不清楚如何藉由行動技術產生新的商業價值與商業目的，蘋果同時具備技術與商業模式創新，直到 2012 年 Facebook 切入行動廣告創造新的營收來源，找到新的商業模式。2015 年則是區塊鏈興起，2017 年，技術創新重點是雲端、大數據、物聯網（Internet of Things）、人工智慧、虛擬、擴增或混合實境（Virtual/Augmented/Mix Reality），但是這些技術創新都在找尋自己的商業模式，反而是這段期間利用互聯網產生了許多商業營運模式的創新，包括平台經濟、共享經濟、零工經濟，2018 年則是新興的訂閱制商業模式，商

2　譚淑珍（2017 年 7 月 29 日），張忠謀：商業模式創新最值錢，中國時報。

業模式創新同時也帶來新的生活方式。

1. 技術驅動的數位創新

　　把焦點放在技術或商品的重新發明、重新結合，或是找尋新的關聯，藉此為客戶創造新的價值。但是，不是每一個技術都能成功帶動創新，如 Wimax、VHS。

2. 商業模式驅動的數位創新

　　商業模式創新可以分為三個層次：一是商業模式創新，包括尋找重新定義客戶、創新客戶價值、創新價值網路，產生新的獲利定價模式；二是營運模式的創新，包括從產品到營運模式、從交易模式到關係模式；三是結構層面的創新，結合技術與商業模式突破創造出一個全新的市場。

　　企業應該先思考一下現在公司需要的是營運模式的創新或商業模式的創新，如果是著重在「營運模式」，簡單地說就是運用各項創新數位科技，讓企業在營運模式上更加有效率與效果，例如隨需經濟、區塊鏈、開放銀行等，在營運模式上進行創新，找到一片新的藍海，創造出新的市場。但如果是「商業模式」的創新，則是運用數位創新科技，創造出更多收益來源（revenue streams），例如訂閱制、微型支付、按使用付費、Freemiun/premiun 等，新的產品、服務或是接觸到更多不同的客戶群。

創新地貌圖

關於技術創新與商業模式創新更細緻的分類，在哈佛大學教授 Gary P. Pisano（2015）的創新地圖（Innovation Landscape Map）中有詳細的論述[3]，Pisano 認為制定創新策略的過程應從對幫助公司實現可持續競爭優勢的具體目標與清晰理解開始，必須具體化創新策略如：

- 創新將如何為潛在客戶創造價值？
- 公司將如何獲得其創新所產生的價值比例？
- 哪些類型的創新將使公司創造和獲取價值，不同類型應獲得哪些資源？

Pisano 用「商業模式創新」與「技術創新」作為分析軸線，將創新類型分為四種：例行式創新（routine innovation）、破壞性創新（disruptive innovation）、激進式創新（radical innovation）與結構性創新（architectural innovation）。也就是說如果你們公司需要創新，你必須先了解這項創新的特質與目的，避免在數位創新的旅程上迷路。同時在規劃創新策略的時候，思考要花多少心血在技術創新，花多少資源在商業模式創新上。

---

3 Gary P. Pisano, You Need an Innovation strategy, Harvard Business Review, June 2015.（pp. 44-54）. https://hbr.org/2015/06/you-need-an-innovation-strategy

1. 例行式創新：沿用現有的技術與商業模式，例如 BMW 的新款車、Pixar 的動畫或先鋒集團的指數型基金等。
2. 破壞性創新：利用現有的技術能力，但提出商業模式創新。例如開放原始碼軟體、共乘服務與隨選視訊服務等。
3. 激進式創新：運用現有的商業模式，投入研發技術創新。例如生物科技、電動車與光纖電纜等。
4. 結構性創新：結合技術和商業模式的創新，例如個人化藥品、智慧理財與網路搜尋等。

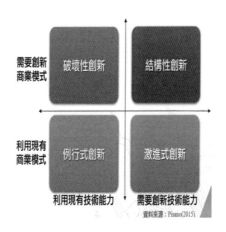

資料來源：Pisano(2015)

　　本章著重在於破壞性創新與結構性創新，因為這兩種類型都與商業模式創新相關，筆者認為可以分為營運模式與商業模式的創新，目前我們談到的互聯網創新多半是營運模式創新，商業模式創新是較少的，但是一推出通常會改變企業做生意的方式，比方說訂閱制或是微型支付。

2.3　數位轉型？

Saldanha（2019）[4] 指出我們正處在第四次工業革命中，數位轉型比以往任何時候都重要。在第四次工業革命中，物理、數位和生物世界之間的界線變得愈來愈模糊，其中有70% 的數位轉型失敗。Saldanha 表示曾經調查過 100 個人對於數位化的定義，並且得到 100 個不同的答案。他的定義是在第四次工業革命中獲得勝利所需的人員、流程和系統的結合。金融和銀行業務絕對處於數位轉型的浪潮上，因為包括人工智慧、行動科技/5G 以及區塊鏈之類的技術組合，使金融業的數位服務特別容易受到影響。

70% 的數位轉型失敗的原因是缺乏原則。原則有兩個部分：一種是明確定義數位轉型的含義；第二個是有紀律地使用正確的目標和針對這些目標執行的正確流程。不幸的是，大多數數位轉型仍採用 IT 項目管理方法進行，這完全不需要改變組織本身的文化。為了解決這個問題，他使用了清單方法來幫助降低 70% 的失敗率。

Saldanha 提出數位轉型的五個階段：

1. 基礎：這是大多數人誤以為的數位轉型，但實際上，它是簡單的自動化，是數位轉型的基礎，許多公司都陷入其

4　Saldanha T.（2019）Why Digital Transformations Fail: The Surprising Disciplines of How to Take Off and Stay Ahead. Berrett-Koehler Publishers.

中，這也是我們在開頭所提到，大部分企業將數位轉型等同於 e 化看待。

2. 穀倉化（siloed）：這裡指的是單一部門的數位轉型的情況，如利用區塊鏈進行內部財務系統的轉型，或是各自獨立運作的系統或部門改變作業方式，這種轉型稱為穀倉變化（silo change），專業化但容易造成視野狹隘。

3. 部分同步（partially synchronized）：這是指整個公司的部分轉型，最好的案例就是 Jeff Immelt 領導下的奇異電氣（GE），他提出一個願景，但是並未讓轉型的力量擴散到整個公司，因此他提出的轉型願景，最後失敗了。

4. 第四階段是完全同步（fully synchronized），整個公司都可以將商業模式一次性轉換為第四次工業革命。一個很好的例子就是 MapQuest，它仍然存在。MapQuest 在 2000 年代初期令人難以置信。如今，由於每台智慧型手機都具有 GPS 和導航功能，MapQuest 幾乎不再重要。第四階段的問題是，一家公司可能轉型為最新的商業模式，但是下一次轉型也可能面臨失敗。

5. 最後，進入第五階段就是活著的 DNA（Living DNA）。那是組織的 DNA 一遍又一遍破壞您自己的業務模型的時候。Netflix 就是一個例子。它們從郵寄 DVD 到串流媒體，再到原始內容模型——全部用了 20 年的時間。破壞自我的能力必須成為組織 DNA 的一部分。

5 活著的 DNA
（Living DNA）
敏捷文化
Agile Culture
感知風險
Sensing Risk

4 完全同步
（fully
synchronized）
數位再組織化
Digital Reorganization
保持充足
Staying Sufficiency

3 部分同步
（partially
syndchronized）
有效率化模型
Effective Change Model
策略充實
Strategy Sufficiercy

2 穀倉化
（partially
synchronized）
賦予權力
Disruption Empowerment
槓桿點
Leverage Points

1 基礎
（foundation）
承諾所有權
Committed Ownership
迭代執行
Iterative Execution

Saldanha 用商業成果來定義數位轉型。如果一家公司正在建立新的商業模式，例如 O2O 的銷售場景，或是創造破壞性的業務流程功能，例如即時結帳。在每個階段中，數據都是必要因素，即使公司在第三階段開發出如自駕車的產品，銷售部門也需要透過數據分析才能進行網路銷售。數據與商業分析是

轉型最重要的依據,因此華爾街認可亞馬遜這樣的數據公司,公司的估值也反應了這樣的優勢,因為這與轉型的成功與否息息相關。

更進一步來談,企業數位化轉型首先不是數位化,首要核心是企業本身的轉型。如同前述提到的數位化商品,重點在於這個商品是不是真的具有數位價值的商品,抑或只是商品數位化的情形。參照 WEF 的說法,數位轉型意指在各種數位科技逐漸發展成熟,且成本不斷降低的情況,企業透過這些新興科技運用,深刻改變公司當前的經營模式,產生全新數位化的產品服務、營運流程及商業模式,而帶來的新商業機會的過程。這就不是在單一領域的改良,而是從企業全體的視角去看如何進行商業模式、營運模式的創新,如何打造未來差異化的競爭力。過去「數位」幾乎等同於「資訊科技」,資訊科技是第三次工業革命驅動力量,並促成不同階段的「數位轉型」:從「電腦化」驅動企業流程再造,到「網路化」促成全球化製造網路和互聯網經濟崛起;最近則是「數據化」驅動組織以數據為決策核心以及平台化的數位轉型。

因此,釐清各階段的轉型目的,才能有效地整合企業資源,達到預期效益。從商品設計、商業模式與策略層次需要一致且隨時動態調整,長期有策略目標、中期有商業或營運模式創新、短期則是商品創新。企業需要先釐清本身的問題與方向、釐清不同層次的需求擬定策略,並擬定動態的數位競爭策

略。

2.3.1 數位化轉型成功案例

傳播媒體是所有產業中與媒介型態最息息相關的，早在實體產業受到衝擊之前，傳播媒體就開始討論新媒介的影響，從報紙、廣播、電影、電視、有線電視、網路、數位電視、手機、數位音箱與全息影像視訊，都影響媒介的產業發展與使用行為，以報紙為例，美國印刷報紙從 2000 年到 2015 年，其廣告收入從約 600 億美元下降至約 200 億美元。同期印刷報紙訂閱人數下降了 32%，從 5,600 萬下降到 3,800 萬[5]。2018 年報紙產業的廣告總收入估計為 143 億美元。這比 2017年下降了13%。預計流通總收入為 110 億美元，而 2017 年為 112 億美元。網路取代傳統媒體的速度極快，數位廣告占 2018 年報紙廣告收入的 35%。該比例在 2017 年為 31%，但在 2011 年為17%[6]。媒體也隨著網路技術的提升，從媒體數位化、原生數位媒體、個人化媒體平台的出現，同時也改變了媒體的商業模式，提升媒體存活的能力。

---

5 Thompson, Derek. 2016. The Print Apocalypse of American Newspapers. The Atlantic. https://www.theatlantic.com/business/archive/2016/11/the-print-apocalypse-and-how-to-survive-it/506429/.

6 Pew Research Center's Journalism Project. 2020.Trends and Facts On Newspapers: State Of The News Media. https://www.journalism.org/fact-sheet/newspapers/.

Web 1.0	Web 2.0	Web 3.0
• 平面媒體電子報 • 社群網站	• 數位原生報	• 平面媒體數位轉型 • 個人化媒體平台
報紙廣告／ 用戶訂閱	數位廣告／資料庫／ 數位內容	訂閱制／ 微型支付

案例一 紐約時報的轉型之路

2005：將紙本的專欄、社論和部分新聞整合成時報精選（TIMESELECT）線上服務。

2007：取消 TIMESLECT 收費機制，全面免費。

2011：導入付費牆（PAYWALL）制度，每月前 10 篇文章免費，超過需收費。

2013：推出 1 分鐘影音新聞。

2014/04：推出 TIMES PREMIER 增值付費服務和 NYT NOW App。

2014/06：推出 NYT OPINION App，每月訂閱費用為 6 美元。

2014/09：推出 IPAD 版的 NYT COOKING App，目前累積 800 萬名用戶。

2014/10：裁員 100 人，關閉 NYT OPINION App。

2015/01：重新推出紐時線上商店，販售個人化禮品。

2015/03：在 INSTAGRAM 上啟用紐約時報總帳號，紐時在 INSTAGRAM 上共有 5 個帳號。

2015/05：於港澳推出簡體版中文月刊。

新聞媒體過去依賴的廣告收入銳減，訂閱制的經常性收入對於媒體的轉型十分重要，讓媒體可以有固定收入繼續發展。《紐約時報》付費牆的成功讓它們將重心放回讀者身上，而不是在討好廣告商或業者身上，專注於媒體的本業。

2000 年發行量占《紐約時報》收入的 26%。2011 年推出付費牆，2015年向訂戶分發 VR 紙板耳機，首個播客開始，2015 年《紐約時報》估計訂閱量超過300萬，訂閱量超過任何其它美國發行商，該年《紐時》也發表一篇白皮（Our Path Forward）[7]，強調公司的數位化戰略將著重利用創新的高品質數位內容來增加訂戶的黏著度，並透過行動創新、開發多媒體功能，以及大數據行銷。

2019 年《紐時》開始享受數位策略的成果，到 2020 年《紐時》的訂閱戶為 750 萬，其中數位訂閱戶為 510 萬，並創下新增 230 萬數位訂閱戶的記錄[8]。紐時主要成功的原因來

---

7 Nytco-Assets.Nytimes.Com. 2015. Our Path Forward. https://nytco-assets.nytimes.com/2018/12/Our-Path-Forward.pdf。

8 The New York Times Company Reports 2020 Fourth-Quarter and Full-Year Results and Announces Dividend Increase, https://www.businesswire.com/news/home/20210204005599/en/%C2%A0The-New-York-Times-Company-Reports-2020-Fourth-Quarter-and-Full-Year-Results-and-Announces-Dividend-Increase

自於，利用大數據提供個性化體驗、改變工作流程使用敏捷開發、願意全心投入數位產品的開發、克服跨部門的 Silo 建立良好轉型文化。

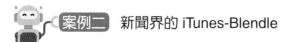 案例二　新聞界的 iTunes-Blendle

2014：Klöpping 和 Marten Blankensteijn 成立，擁有 13 萬註冊用戶。

2014/10：媒體巨頭 NYT 和 Axel Springer 向荷蘭新創公司 Blendle 投資 300 萬歐元。

2015/09：Blendle 與德國媒體簽訂按文章付費新聞市場，將業務擴展到德國。

2015/12：小額支付平台 Blendle 將於 2016 年初發表美國 Beta 版。

2016/03：Blendle 在美國推出按文章付費的服務，與 20 個出版合作夥伴合作，其中包括《紐約時報》、《華爾街日報》、《時代》。

2016/08：Blendle 擁有 100 萬用戶。

2019/06：Blendle 從微型支付轉向訂閱制。

Blendle 總部位於荷蘭，成立於 2014 年。於 2020 年 6 月被法國 Cafeyn 集團收購，該集團目前擁有 150 萬名客戶 Cafeyn 期待透過併購，能融合業界最棒的應用程式 Blendle，

提供客戶更好的體驗。

Blendle 意在提供無標題、無廣告的體驗，允許用戶使用微型支付的商業模式，讀者可以按文章付費，從多個標題中精選出優質的新聞，發行商收取收入的 70%，Blendle 則收取 30% 的服務費，用戶可以不採用訂閱制的模式享受新聞服務，如果用戶不滿意該新聞品質，還可以使用退費的功能，在當時 Blendle 被認為是荷蘭新創公司的成功案例。但是，Blendle 2016 年在美國推出應用程式之後，並沒有獲得太大的注意，其創辦人認為是花太少精神在介面設計上，在美國市場報紙文章定價在 19 美分至 39 美分之間，雜誌故事中的定價在 9 美分至 49 美分之間[9]。

Blendle 的讀者用戶年齡一半在 35 歲以下，科技報導在該平台很受歡迎，但美國的政治報導卻不受歡迎。根據 MailChimp 發表的數據，Blendle 的全球新聞通訊點擊率幾乎是其它媒體的三倍[10]。

2017 年 Blendle 開始混合微型支付與訂閱制，用戶每月支付 9.99 歐元，就可以每天選擇 20 篇文章，而 INKEF Capital、Nikkei Inc、The New York Times 等公司先後投資了 Blendle 將

9　Christine Schmidt. 2019. Micropayments-for-news pioneer Blendle is pivoting from micropayments.https://www.niemanlab.org/2019/06/micropayments-for-news-pioneer-blendle-is-pivoting-from-micropayments/

10　Shelly Hepworth. 2016. Blendle reaches 1 million users, but is it here to stay?. https://www.cjr.org/analysis/blendle_signups_aggregator_micropayments.php

近七百萬歐元，但 Blendle 尚未扭虧為盈，因此在 2019 年轉為高級訂閱制。2020 年 Blendle 在荷蘭、德國和美國擁有 5 萬名訂閱用戶和 3 萬名試用會員[11]。

Blendle 創辦的八年間，以出色的介面設計吸引用戶的青睞，全球註冊的用戶曾經達到 100 萬戶，不過其選擇的服務客群忠誠度較低，因此在現金轉換率上微型支付就不如訂閱制穩定，但是其大膽地嘗試各種商業模式的融合，成為具有前瞻性的新聞聚合媒體，讓各方都耳目一新，不論在策略上或服務上都是十分出色的，可惜的是因為沒有固定的龐大用戶，很難獲得大量的用戶數據，作為新聞聚合平台，它沒有如同 Netflix 生產自己的內容，其堅持協助好的報導可以獲得群眾支持的精神可嘉，但受制於主流媒體的牽制，這是較可惜的地方，但是作為一個數位媒體而言，Blendle 的創意與表現，的確讓其它轉型媒體帶來不同的啟發與刺激。

 案例三 **140 年歷史的新創公司《華盛頓郵報》**

2013/08：華盛頓郵報公司宣布用 2.5 億美元出售《華盛頓郵報》及其資產給亞馬遜公司執行長 Jeff Bezos。

2013：開始實施「付費牆」，收費門檻是讓讀者看 20 篇免費文章，然後開始收費。

11 Duncan Robinson. 2017. Blendle mixes subscription option with pay-per-story news. https://www.ft.com/content/59f7e822-d8c4-11e6-944b-e7eb37a6aa8e

2017：《華盛頓郵報》確認 3 篇免費的門檻是最不影響廣告業務，同時又能經由付費牆引導非訂戶成為付費訂戶的最佳方法。

2018：《華盛頓郵報》創下每月平均 8,800 萬不重複到訪人次的記錄，比起三年前的訪客人數成長逾八成。

2019：發表 Zeus Prime 類似於 Google 和 Facebook 提供的實時購買工具，直接向營銷人員開放廣告空間。

《華盛頓郵報》在 2012 年亞馬遜 CEO Jeff Bezos 把它收購之前，收益不斷下降，平面媒體廣告收入銳減，數位廣告銷售的收入無法快速填補這個缺口。於 Jeff Bezos 的帶領下，《華盛頓郵報》迅速開始了對人才與技術的投資，包括改變看待技術的思維方式。該報設計開發一套作業系統「Bandito」，結果這套內容管理系統太好用了，其它報社都開始向它購買，該業務每年可產生 1 億美元的收入。過去《郵報》幾乎沒有 IT 部門，目前，公司新聞辦公室與銷售團隊所使用的各種工具都是公司自己開發的。

其它試驗包括建立更先進的付費牆服務協助獲客、國際新聞報導面更廣，並在深度調查上投入更多精力。基本版的數位訂閱為每月 10 美元，高級訂閱制為每月 15 美元，另外，還有印刷與數位訂閱的結合，週日報紙＋高級訂閱制每週 1.99 美元，每日報紙＋高級訂閱制 3.99 美元。但是如果你

具有 .edu/.gov/.mil 電子郵件地址，就可以獲得免費訂閱。如果你有 Premium Digital 訂閱（所有家庭訂閱都包括 Premium Digital 訂閱），則可以每月向一位朋友或家人發送 30 天數位通行證[12]。《華盛頓郵報》善用 A/B 測試，讓客戶的數位體驗更好，更加了解客戶的喜好與需求，真正幫助公司實現數位化轉型。

2019 年《華盛頓郵報》宣布推出 Zeus 平台，他們認為網路廣告不只是 Google 與 Facebook 兩種平台模式，需要一種新的模式，讓內容生產者與出版商，可以花更少的金錢與時間，即可以達到好的行銷模式，這種模式可以鼓勵原創內容的生產者，並將廣告收入重新回到出版商的身上，這是一種賦能的平台，也符合亞馬遜一直以來的商業模式，創造新的生態圈。Zeus 平台包括 Zeus Insights、Zeus Performance 和 Zeus Prime，大量運用數據運算，提供客戶行為預測與促進客戶體驗。

我們可以看到《華盛頓郵報》，融入亞馬遜的創新文化，不論是 Zesus 這項 SaaS 服務，或是 Bandito 的新聞作業系統，都是亞馬遜擅長的平台營運模式，讓更多業者融入亞馬遜生態圈中，並從其中創造更具價值的商業模式。

---

12 華盛頓郵報網站 https://subscribe.washingtonpost.com/checkout/?promo=o8

 **案例四** Adobe 自我顛覆的轉型之路

2007：Shantanu Narayen 接任 Adobe CEO。

2009：收購數據分析軟體公司 Omniture。

2012：推出了 Marketing Cloud，把旗下的產品全面改為訂閱制。

2013：Adobe 發表了 Creative Cloud（CC）來代替 Creative Suite。

2014/06：推出 NYT OPINION App，每月訂閱費用為 6 美元。

2017：年收入為 73 億美元，比 2016 年增長 24.72%。

2018：年收入為 90.3 億美元，比 2017 年增長了 23.67%。

2019：年收入為 111.7 億美元，比 2018 年增長 23.71%。

　　Adobe 自創立以來，經歷三次數位轉型的變革，第一次是 1982-1993 年桌面出版革命；第二次是 1994-2006 年加強併購與數位出版革命，當時執行長 Bruce Chizen 則是幫助 Adobe 轉型為多角化產品的軟體公司；第三次是 2007-2017 年轉為雲端的 SaaS 公司，Shantanu Narayen 接任 Adobe CEO 後，他的策略則是將 Adobe 的商業模式轉為訂閱制，而不是以賣套裝軟體為主的市場，並擴大數位媒體與行銷服務的市場。

　　Narayen 做出的商業決策包括，2007年以 18 億美元收購數據分析軟體公司 Omniture；2012 年第四季度推出了

Marketing Cloud，該市場現在包括八個 SaaS 應用程式，如分析、閱聽人管理、活動、體驗管理、媒體優化、黃金時段、社交和目標。其中，「閱聽人經理」協助行銷人員可以在多通道廣告中定位目標客戶與「黃金時段」協助無線廣播公司、有線電視、服務提供商，提供多螢幕電視平台，建立客製化的電視服務。

2012 年是 Adobe 數位轉型重要的一年，他們把旗下產品全面改為訂閱制，用戶以月繳的方式使用單一費率購買產品，並全面改為雲端服務，產品更新速度也是隨時調整，2013 年發表 Creative Cloud 從一次性購買的 1,800 美元到每個月 50 美元或單一應用程式每月 19 美元。但是第一年商業模式的轉變引起消費者的不滿聲浪，讓 Adobe 當年度的營收少了 7 億美元。

如今，「訂閱制」已成為 Adobe 的成長動能，Adobe 2017 年的年收入為 73 億美元，比 2016 年增長 24.72%。Adobe 2018 年的年收入為 90 億美元，比 2017 年增長了 23.67%。Adobe 2019 的年收入為 111.7 億美元，比 2018 年增長 23.71%。數位媒體部門的收入為 77.1 億美元，其中 Creative 和 Document Cloud 的年度收入分別達到創記錄的 64.8 億美元和 12.2 億美元，數位媒體 ARR 在這一年增長了 16.9 億美元，數位體驗業務部門的收入為 32.1 億美元，同比增長 31%，訂閱預訂量在這一年增長了 20% 以上。2020 年 Adobe 全年營收

為 128.7 億美元，訂閱服務的營收達到 116.26 億美元，數位服務增幅達 19%，訂閱營收增幅達 22%。

Adobe 數位轉型的關鍵策略在於數據驅動的營運模式（DDOM，Data-Driven Operating Model）[13]，主要特色如下：

1. 數據決策與知識共享機制：將 Adobe 產品（包括 Google Analytics、Experiment Manager 和 Campaign）以及各個 Creative Cloud 應用程式和第三方系統的見解結合在一起。透過數據建立的共通語言，消除了不同團隊如何看待數據以及他們使用數據進行決策的方式的不一致之處。

2. 以客戶需求為導向的 KPI 機制：使 Adobe 能夠從財務和非財務角度衡量完整的客戶體驗，並開發客戶旅程的分析工具，從客戶開始察覺 Adobe 的產品、試用、購買、使用到續訂的過程與決策原因，從而推動了客戶價值和轉化。KPI 的轉變讓 Adobe 不論是業務或 IT 團隊可以更專注在客戶需要產品的數位價值開發，為其客戶帶來了巨大的價值。

3. 消除數據與功能孤島：指派一個跨組織的團隊來協助每個 KPI，可以加快轉型過程，並將公司完全集中在客戶身上，數據驅動的行銷組織與 IT 的跨組織建立平等合作機

---

13 Lisa Sheth (2019), 3 Best Practices to Transform to a Data-Driven Operating Model, https://blog.adobe.com/en/2019/08/21/3-best-practices-to-transform-to-a-data-driven-operating-model.html#gs.0m3wog

制，才能從數據分析變成可行的客戶見解。最終，這使 Adobe 能夠在他們旅程的每個階段提供更好的客戶體驗。

 案例五 樂高贏得玩具蘋果美稱

2004：Jørgen Vig Knudstorp 接下 CEO 職位。

2007：商業模式轉變著重數位思維。

2012：樂高未來實驗室成立。

2014：第一部樂高電影誕生。

在 1990 年代末和 2000 年代初，樂高在數位領域取得了長足的進步，之後樂高逐漸走下坡，然而到 2004 年，該公司陷入困境，當年 3 月虧損 1.4 億美元，並宣布將裁員 500 人。除了生產效率低下和供應鏈問題外，造成這種損失的一個重要原因是數位化轉型帶來的挑戰，數位化轉型已開始對公司的利潤產生重大影響，經過一段時期的擴張（1970-1991 年），到 2004 年，樂高已接近破產。在 1998 年至 2004 年間，樂高擔心電動遊戲將會取代一切，並試圖在數位時代變得更加現代化。他們建造了主題公園，並試圖成為一個生活方式品牌，發展服裝和手錶系列以吸引年輕女孩，兩種策略都適得其反。在諮詢了麻省理工學院的研究後，他們認為樂高是孩子學習創造性和系統性思考的理想方式，並閱讀了一個新聞故事，其中

Google 的創始人 Sergei Brin 認為樂高積木是塑造他思想的原因。2004 年樂高更換 CEO，找來進公司 3 年、任職過麥肯錫顧問公司的 Jørgen Vig Knudstorp 接下 CEO 職位，他認為樂高忽略了其核心業務。

　　問題的核心是樂高將數位化轉型錯誤地應用於其業務模型和營運模型。就前者而言，樂高發展數位媒體和電動遊戲，但是卻發生一系列失敗而造成損失，分散了其核心產品樂高積木的注意力。至於其營運模式，樂高發言人在 2004 年描述了公司普遍資訊不透明：「我們在組織內部有很多知識孤島，一隻手正在做另一隻手不知道的事情。」

　　樂高在新任 CEO 的領導下，開始修復過去的錯誤，以改進業務和營運模型來恢復其核心價值。樂高的電影、手機遊戲和手機應用程式帶來的新收入來源。2014 年，第一部樂高電影的收入約為 4.68 億美元，製作預算僅為 6,000 萬美元；當年樂高的 EBITDA 利潤率為 37.1%，自 2007 年以來增長了 15%。

- 遊戲化：結合虛擬遊戲，透過應用程式建立積木互動性、關卡與積分機制，提升兒童對積木的喜好，代表產品如 LEGO BOOST 和 LEGO AR Studio。
- 數位轉型：透過社群平台和電影製播，讓樂高版圖從玩具擴張至其它數位內容，吸引孩童目光，代表產品如 LEGO

Movie 與 LEGO Life。

- 精實創新：樂高藉由廣納各行各業的素人成為設計師，使公司能更貼近市場，並學習 Google 等科技公司營運模式，以一種安全的方式進行實驗和測試想法，而不會破壞樂高品牌。他們經常在日本小批量測試新作品和創意，日本市場文化較為成熟，因此對於試驗失敗的影響較小，代表產品如 LEGO Ideas。兩項成功的嘗試是 LEGO Architecture（標誌性建築套件），它提高了 LEGO 在成人中的知名度，而 LEGO Friends，則增加了女性客戶。

樂高在面臨錯誤的數位轉型方向後，了解數位轉型的核心並非是做數位內容，而是企業文化與商業模式的調整，以數位時代思維創新產品，深入了解客戶需求，並創造新的市場[14]。

2.3.2 數位轉型失敗案例

即使在一些世界上最賺錢的創新型組織中，也有驚人數量的轉型失敗。僅 2018 年一年，企業就投入了 1.3 萬億美元用於轉型計畫，其中 70% 浪費在 GE、福特和寶潔（P&G）等公司失敗的計畫上。在那些沒有徹底失敗的企業中，只有 16% 的企業在績效和長期保持變革的能力上有所改善。即使對於高科技、媒體和電信等數位第一產業，也只有 26% 的企業取得

---

14 Michael Fearne (2019), Lego Future Lab: The Rebels Of Innovation At Lego, https://michaelfearne.com/lego-future-lab-the-rebels-of-innovation-at-lego/.

了成功。大多數專家將人／僱員、組織文化和領導力視為轉型失敗的原因。但是很少有人承認真正的共同點：溝通失靈。事實上員工不是問題，而是由於組織未能與員工進行有效溝通，才使他們從一開始就面臨著數位轉型的麻煩。

 案例一 GE 奇異電氣

2011：奇異電氣（GE）成立了數位事業部。

2013：推出了 Predix，它是首個用於工業物聯網（IIoT）的軟體平台。

2014：Predix 創下超過 10 億美元的收入。

2015：GE 宣布成立新的業務部門 GE Digital，其首席執行長 Bill Ruh 曾是 GE Software 的副總裁。

2016：GE 啟動了 GE 數位聯盟計畫，GE Digital 在其位於加利福尼亞州的 San Ramon 辦公室擁有 1,500 多名員工。

2018/12：GE 宣布了計畫成立一家新的獨立公司，專注於構建全面的 IIoT 軟體產品組合。這家由 GE 擁有的公司將把 GE Digital 的核心軟體業務與 GE Power Digital 和 Grid Software Solutions 整合在一起，並將以 12 億美元的年軟體收入開始，並在全球擁有 20,000 多家客戶。

2019：Patrick Byrne 加入 GE 擔任 GE 數位業務首席執行長。

奇異電氣（GE）是一家歷史悠久的跨國企業集團，在運

輸和電力領域擁有主要業務，且有主要的融資部門。2016 年
被公認為數位轉型模範生，2017 年 的財報卻大虧 60 億美元，
企業面臨頹勢。GE 的數位轉型策略是由 GE Digital 負責數位
能力導入業務部門，它的數位營運被定位為建構軟體功能，包
括可在飛機引擎、供應鏈、運輸和動力方面推動業務差異化。
GE 還因其軟體功能容錯能力較低，創下了數十億美元的成本
記錄。此後決定不再專注於公司不同部門中的單個數位計畫
或項目，並於 2015 年建立了一個獨立的業務部門，稱為 GE
Digital。希望這項新的工作不僅可以使 GE 的內部營運機構更
好地利用其數據，還可以使 GE 成為一家技術含量更高的企
業。

　　奇異電氣公司的動盪影響了 GE Digital[15]，GE 宣布出售照
明業務，股價也重挫 5 成。GE 多年來多角化布局 7 大產業，
如今退守航空及電力，加上 GE 轉型的產業布局未涉及電商、
人工智慧或工廠自動化等新產業，都是市場對其轉型效益保守
以對的原因。

　　GE 的工業互聯網平台 Predix 面臨的技術挑戰導致投資
減少。新任 CEO John Flannery 被要求以兩個月時間來解決
Predix 的問題。Flannery 宣布，一旦問題解決，未來的銷售
工作將不再追求新行業，以專注本業為重點。儘管 GE 向 GE

---

15 World Economic Forum, Building an industrial digital ecosystem, https://reports.
weforum.org/digital-transformation/ge-digital/.

Digital 注入了數十億美元的資金，在持續虧損的道路上，新業務完全無法阻止 GE 股價暴跌。Predix 的問題意味著它無法與對手競爭。數位轉型失敗後，GE 出售了 GE Digital 並放棄對軟體領域的參與。我們看到 GE 主要犯錯的地方有：

- GE Digital 是整合軟體和 IT 資源的創新品牌，但 GE 卻採用管理 GE Software 的方法管理，包括設定目標盈利等傳統方式。用著傳統方法管理現代的數位創新部門，令 GE Digital 處於尷尬處境。

- 平台商業模式卻成為內部客戶開發平台：GE 擁有一系列大型業務部門，例如 GE 航空的噴氣引擎和 GE 運輸鐵路等等。這些業務部門都有 IT 開發需求，因此，他們利用 GE 軟體資源來達到「創新」。與其說 GE 軟體是數位轉型，不如說是數位賦能。GE 想要使 Predix 成為面向第三方開發人員的開發平台，但是實際上，Predix 都是來自業務部門或付費夥伴的需求。

- 像 GE 這樣的大公司，能夠成功實施廣泛的轉型策略幾乎是不可能的。由於部門分散，GE Digital 需要提供季度績效更新和損益表，這件事限制它創造長期價值的能力，而將精力集中在短期績效業務上。Predix 與夥伴合作時，重點通常是為公司的客戶創造短期收入，而不是長期價值。所以，當合作夥伴對 Predix 系統表示興趣的時候，GE

Digital 關心如何拿到短期收入，而不是經營長期關係。

GE Digital 幫助外部的工業公司進行數位化轉型，成為一家數位化轉型諮詢公司，但是努力的成果對實現真正的數位轉型是無益的。有效的數位化轉型需要重新思考當前的商業模式，而不僅僅是添加到現有的模式中；多數公司能做到後者，卻很難做到前者；因此，大型企業通常難以正確落實這些計畫。

 **案例二　福特汽車**

2014：推出智慧行動（Smart Mobility）計畫。

2016：投資與併購大量 AI 產業。

2017：計畫宣告失敗。

美國的百年企業福特汽車有成功的歷史，2014 年時福特展開一項數位轉型計畫，時任執行長 Mark Fields 提出智慧行動（Smart Mobility）計畫，主要是在於提升福特在行動共乘、自動駕駛、連網車、客戶體驗以及大數據分析方面的能力，預期建立全新「人車模式」。福特在當時看到社會變遷趨勢，城市人口增加、中產階級渴望移動、汙染增加、消費者為核心思考等趨勢，2016 年成立福特智慧交通公司，目標是將福特轉變為自動和行動力的公司。可惜的是，數位部門並未融

入並改造組織文化，而是獨立於組織之外的創新基地。

Smart Mobility 在數位轉型方面的進展太慢，2016 年起福特正往自動駕駛的路途前進[16]，併購了投資雲端運算公司 Pivotal 1.82 億美元、高精度地圖 Civil Maps、乘車共享巴士 Chariot、無人駕駛技術公司 Argo AI 投資 10 億美元，以及購併專攻機器學習和電腦視覺的 SAIPS。可見的是，福特在數位轉型與傳統汽車並未整合的很好，因此這個計畫，還在持續虧損中，2017 年新任 CEO Bill Ford 表示他希望專注於如何應用數位創新在公司各個層面。福特在此一階段的數位轉型面臨失敗，但是它仍續轉型當中，從福特的例子我們可以看到轉型策略的同步與一致十分重要，而且必須落實到各部門的執行之中。

 **案例三** Nike

2010：成立 Nike Digital Sport。

2012：發表了其創新的可穿戴 FuelBand。

2014：宣告 Nike Digital Sport 失敗。

Nike 的數位業務具有先行者的角色，但是 Nike 零售商

---

16 Marci Houghtlen (2019) Ford's Gamble on a Tech Start-up Has Seemingly Failed，https://www.motorbiscuit.com/fords-gamble-on-a-tech-start-up-has-seemingly-failed/。

卻面臨數位轉型失敗。Nike 在2010 年成立了「Nike Digital Sport」的新業務部門，目的是帶頭開展全公司範圍內創造新的數位產品。兩年後，Nike 發表了可穿戴 FuelBand 體力監測腕套（如心率或 GPS 設備），一開始受到市場歡迎，可以為佩戴者提供詳細的運動資訊。到 2014 年，腕戴式健身追蹤器的市場競爭日益激烈，隨著智慧手機感應器的改進，Nike+ 對可穿戴設備的依賴性愈來愈小。Nike 不必是 IoT 裝備的推動者時，尤其是在蘋果和谷歌等公司準備加入競爭的情況下，讓Nike 公司參加 IoT 裝備的意義愈來愈小。在利潤低且熟練的工程師不足的情況下，並停止 FuelBand 服務。Nike 從這次挫折中吸取了教訓，並從硬體製造轉移到專注於軟體，進一步建立了 Nike+ 的數位品牌，Nike Digital Sport 生態系統由 600 萬名使用 Nike+ 平台的消費者組成。該平台使人們可以分享他們的健身目標，推動消費者過著更健康的生活，目前成長為擁有超過 3,000 萬的 Nike+ 會員。

　　由此例，企業若考慮數位轉型，應透過制定明確的轉型計畫，才能確定適合自己的方向，如 Nike 差點成為 IoT 裝置的公司，到後面發現這不是自己的核心業務，並承認失敗，進行調整[17]。

---

17 George Hanscom (2016), Nike's Play in the Digitization of Fitness, Harvard Business School, https://digital.hbs.edu/platform-rctom/submission/nikes-play-in-the-digitization-of-fitness/.

案例四 合作銀行

2006：規劃重建系統。

2008：CIO Gerry Pennell 離職，造成核心系統升級出狀況。

2013：數位轉型宣告失敗。

　　數位轉型失敗案例如合作銀行花 3 億英鎊提升 IT，卻嚴重損害企業利潤。合作銀行於 2006 年決定著手進行並開始考慮如何重建系統[18]。

　　一開始就從著手更換核心銀行基礎設施，於 2009 年與 Infosys 簽署了一項協議，以實施稱為 Finacle 的平台，該系統連接所有合作社的金融服務業務並提供完整的客戶視圖。但是 Finacle 尚未在英國銀行中進行過測試，因此重新調整以使其符合英國監管要求和銀行慣例。然而合作銀行它根本沒有協調這樣一個大型項目所需的能力，特別是在計畫啟動期間 IT 領導團隊的重要成員發生變化，而其他資深員工也沒有充分參與。它們的 CIO Gerry Pennell 在 2008 年離開銀行，這導致數位轉型的計畫失敗。

　　由於這些挑戰，該計畫於 2013 年被放棄。Christopher

---

18 Finextra (2014), How not to do a core platform renewal project - lessons from the Co-op debacle, https://www.finextra.com/newsarticle/26019/how-not-to-do-a-core-platform-renewal-project---lessons-from-the-co-op-debacle.

Kelly 的任務是主持獨立審查對導致該行 15 億英鎊資金短缺的事件原因，並將部分責任歸咎於數位轉型失敗。他認為了解大型變革計畫的能力至關重要。對於切合實際了解項目規模以及對組織造成的負擔，非常重要。

創新實驗室

1. 本章想探討釐清的就是數位創新的競爭領域，也就是你要創新的究竟是什麼，因此探討數位化商品與商品數位化的定義與案例，以及你的公司究竟是技術創新還是商業模式創新，你的公司能投入多少資源？在創新分析有營運模式與商業模式的創新，如同張忠謀所說，最賺錢的就是商業模式，確立商業模式創新中，主要獲利來源的模式是什麼？藉由對於產品與商業模式的創新檢視，更能清楚產品的數位價值與商業模式的價值所在，具備數位創新思維與商業模式對於企業同樣重要，包括商業模式與數位轉型的發展，都與一開始數位化商品息息相關。

2. 在數位轉型這領域，走得很快、值得借鏡的有兩個：醫療和圖書資訊。走得快不代表成熟，醫療體系和圖書資訊的數位化主要是因為商品簡單，而且預算也不少。借

鏡圖書資訊，如下圖*。這張圖列舉了圖書館採納的數位科技（橫列）以及項目說明（直行），右邊「諮詢服務到培訓服務」四個大項目，代表了圖書館的數位化服務，也就是數位化商品。根據你個人所屬行業，改寫項目說明（直行）的大項和子項，然後逐一檢視和橫列交叉的格子，填入「有」或「無」，完成後，可以想一想「無」的地方，能否變成「有」？「有」的地方如何再創新？

* 請下載 Excel 原表：http://web.ntnu.edu.tw/~tsungwu/digital_map.xlsx

03

商業模式[1]

3.1 數位經濟路徑圖

數位經濟一詞自 1995 年被 Don Tapscott 提出後，從過去的互聯網經濟、電子商務、App 經濟、平台經濟、API 經濟、物聯網經濟、AI 經濟、共享經濟；每樣新技術出現，或是技術可以支援某一種商業模式，如 Uber、Airbnb 等，就會出現不同的商業模式，然後在全球掀起一陣風潮，追根究柢來自於數位化技術提供了不同於過去製造業時期的經濟成長方式，也逐漸改變了人們的生活模式與商業型態。Don Tapscott（1996）就指出，數位經濟將會改變經濟的典範，他認為數位經濟在數位化上有其特性，知識現在可用數位形式或 0 和 1 儲存，與舊經濟的資訊是模擬或實體不同，只有透過人們的實際互動才能進行交流[2]。在新經濟中，由數位設備促成的數位形式資訊允許在世界不同地區的人們之間，在盡可能短的時間內

1　本文摘錄自薛丹琦論文，並更新相關發展。

　　薛丹琦（2019），開放銀行金融創新之機制研究，世新大學財務金融研究所。

2　Don Tapscott（1996），*The Digital Economy–Promise and Perilin the Age of Networked Intelligence*, McGraw-Hill Inc., New York.

自由傳播大量資訊。Nicholas Negroponte（1995）[3] 過去的世界靠原子（書籍、錄影帶等）傳遞資訊，過程辛苦而緩慢。如今，靠 0 與 1 的電腦訊號傳遞訊息，從原子蛻變到「位元」的浪潮已是勢不可當，無法逆轉。資訊處理不再只和電腦有關，而和我們的日常生活息息相關。Rumana Bukht& Richard Heeks（2017）[4] 在其研究中就將數位經濟分為三個層次的定義，分別是：

1. 核心部門：數位產業（Digital Sector），包括硬體製造、資訊服務、電信、軟體 & IT 顧問。
2. 新型態的數位服務：數位經濟（Digital Economy），包括數位服務、平台經濟、共享經濟與零工經濟。
3. 廣義的數位產業：數位化經濟（Digitalized Economy），包括電子商業、電子商務、工業 4.0、精準農業、演算法經濟。

在這種新經濟中，數位網路和通訊基礎設施提供了一個全球平台，人們和組織可以在該平台上制定策略，進行交流、協作和搜尋資訊。也因為數位化的特質，改變經濟的形態與營運

3　Nicholas Negroponte（1995），數位革命（修訂版），齊若蘭譯，台北：天下文化。

4　Bukht, R & Heeks, R 2017 'Defining, *Conceptualising and Measuring the Digital Economy*' GDI Development Informatics Working Papers, no. 68, University of Manchester, Global Development Institute, Manchester, pp. 1-24. http://hummedia.manchester.ac.uk/institutes/gdi/publications/workingpapers/di/di_wp68.pdf

模式,如最近流行的電子商務、平台經濟、共享經濟、零工經濟、演算法經濟等等。IMF 則表示「數位經濟」有時被狹義地定義為線上平台及其活動,數位經濟的核心部門為數位產業,包括電信、軟體、硬體與資訊服務,狹義的數位經濟包括平台經濟、共享經濟、數位服務(App 或是 API 經濟)與零工經濟,廣義的則包括演算法經濟、電子商務、工業 4.0 與精準農業。但從廣義上說,所有活動使用數位化數據都是數位經濟的一部分:在現代經濟中,如果透過使用數位化數據來定義,數位經濟可以包含一個巨大的,從農業到研發分散於大多數經濟部門。例如:Ostroom 等(2016)[5] 估計,在 2015 年的荷蘭擁有線上業務的企業占了 87% 營業額和商業部門就業人數的 86%。但是當互聯網經濟出現時,更加狹隘地定義為線上商店,線上服務和與互聯網相關的 ICT 服務,其營業額占有率為 7.7%,其在商業就業中的占比為 4.4%。

下表是數位經濟的路徑圖,直的欄位是數位經濟的商業模式,橫的欄位是數位營運模式與新型態數位服務,分析數位經濟的商業模式應用於數位營運模式與新型態數位服務的適合度,本書將會先介紹商業模式類型,再挑選最近台灣最重要的議題,包括平台經濟、API 經濟、演算法經濟、行動支付四個數位營運模式進行分析。

5　IMF.（2018）. *Measuring the Digital Economy*. Retrieved May 9,2019. from https://www.imf.org/~/media/Files/Publications/PP/2018/022818MeasuringDigitalEconomy.ashx

數位經濟營運模式／商業模式	平台經濟	共享經濟	演算法經濟	API經濟	大數據	開放銀行	理財機器人	行動支付	P2P借貸
微型支付	★★☆	★★☆	★☆☆	★★★	★★☆	★★★	★★★	★★★	★★★
隨需支付	★★☆	★☆☆	★★☆	★★★	★★☆	★★★	★★★	★★★	★★★
訂閱制	★★★	★★★	★☆☆	★★★	★★★	★★★	★★★	★☆☆	★★☆
會員制	★★☆	★★☆	★☆☆	★★★	★★☆	★★★	★★★	★★★	★★★
免費增值／付費增值	★★☆	★☆☆	★★☆	★★★	★☆☆	★★★	★★☆	★★☆	★☆☆
嵌入式廣告	★☆☆	★☆☆	★☆☆	★☆☆	★★☆	★★☆	★☆☆	★★☆	★☆☆
群募	★☆☆	★☆☆	★☆☆	★☆☆	★☆☆	★☆☆	★★☆	★☆☆	★★★
遊戲化	★★★	★★★	★☆☆	★★☆	★★☆	★★★	★★★	★★★	★★★
直接銷售	★★☆	★★☆	★★★	★☆☆	★★☆	★★☆	★★☆	★★☆	★☆☆
Moocs	★☆☆	★☆☆	★☆☆	★☆☆	★☆☆	★☆☆	★☆☆	★☆☆	★☆☆

▷▷▷ **圖 3-1**　數位經濟營運模式應用之商業模式分析

3.2　數位經濟 10 大商業模式[6]

　　數位經濟時代的進化表明，新的商業模式不斷嘗試提供更好的客戶服務，是以客戶服務、公開靈活、用戶友好，甚至可能由客戶自己共同設計，選擇商業模式的成功將部分取決於公

6　本節提及之案例，因市場變化劇烈，讀者若需使用。請上網確認其狀態之最新資訊。

司如何理解客戶的需求等，有關數位經濟的商業模式大致有下列 10 項[7]：

3.2.1　微型支付（Micropayments）：零碎化內容

　　微型支付的概念誕生於互聯網時代，在某些方面與可分割的內容及按使用付費密切相關。微型支付通常被定義為 1 歐元之間的小額交易和 5 歐元，不過根據 PayPal 和 Visa 的說法，微型支付甚至可能高達 10 歐元或 20 歐元，具體取決於關於購買類型。這些類型的交易用於獲取對某些內容的使用權限，這可能是網站上的文章、歌曲或電玩遊戲。

　　蘋果公司拒絕對內容採取「全有或全無」政策，允許消費者購買零碎化內容（Fragmented Content），曾經被認為是整體的零碎商品，徹底改變了這個產業。現在消費者可以以大約 1 美元的價格購買歌曲，而不必購買整張 CD。Audvisor 是一家製作 3 分鐘 MV 片段的行銷公司，商業專家在其中提供共享建議的應用程式。每個剪輯都是由各自領域的一些最知名專家製作的，隨著用戶透過內容互動，應用程式開始了解用戶們的喜好，並向他們提供推薦搜尋。可以看出，簡短和零碎內容的組合模型已經達到高度敏感的 MV 和影片格式。

　　一個典型的例子是西班牙的國家樂團和合唱團。該組織

7　Celaya, J., Vázquez,J. , Rojas, M., Yuste, E., Riaza, M.,（2016）. *How the New Business Models in the Digital age Have Evolved*. CEDRO's conlicencia.com platform.

與 Reina Sofia 博物館於 2015 年春季開始提供首批「小型音樂會」。這些博物館的特色之一：30 分鐘的迷你音樂會。該組織每天舉行兩次音樂會，觀眾可以選擇參加一個音樂會或同時參加兩個音樂會。該計畫的主要目標之一是吸引新的觀眾透過將古典和當代音樂表演內容，製作片段或簡短的音樂形式，很可能是吸引消費者的新穎媒介。最後，即使它與出版部門沒有直接關係，也顯示出表演趨向於簡短內容的趨勢。Pildorea 專門從事視聽的線上培訓，旨在提供即時、快速和簡單的學習影

平台名稱／服務內容	PayPal	Wechat Pay	Grabpay	Paytm
提供什麼	儲值錢包及綁定信用卡帳戶內收付款項 收付交易款項 商戶的金流服務	連結金融卡與信用卡的手機錢包 具有支付、理財、消費等功能	連接金融卡與信用卡的手機錢包 支付乘車、送餐和店內購物 借貸與融資	手機錢包與理財服務 線上線下支付與消費服務
怎麼付費	收取國內及國外手續費	轉帳到銀行帳戶收手續費 商家金流收手續費	跨國交易支付 2% 跨境交易處理費 1% ATM 領錢與實體卡都收費	對商戶收取 1% 服務費
多少人使用（2020 年）	3.77 億戶	逾 10 億	約 1.87 億	約 3 億

片。

然而真正從事微型支付的公司，這十年翻轉市場，不論是從美國因應電商興起的 PayPal 或是中國因通訊軟體興起的 Wechat Pay，還是新加坡因搭計程車興起的 Grabpay，或是印度 Paytm，先後獲得螞蟻集團和軟銀投資，估值約 160 億美元。

3.2.2 按使用付費（Pay-Per-Use）：串流和按使用付費

微型支付作為商業模式最初出現在電視部門，也就是允許使用者僅為他們觀看的內容付費的系統，通常被稱為按內容付費（Pay-Per-View）。爾後，收費模式包括按使用時間（如線上遊戲）、按使用次數（如電子書）、按月收取，以及預付扣點，計費模式相當複雜。也由於按使用量、時間等計費特性，使網路收費模式產生小額付費機制，業者以軟體的方式提供廠商架設屬於自己的計價平台，網路業者無論是按量、計次或是預付、月結都能在平台上處理。

租車共享（Car Sharing）是視聽領域以外按使用量付費模式的案例之一。為 Zipcar 在馬德里成立的一家汽車租賃公司，僅向其客戶收取汽車使用時間的費用，而使用上只要下載 Zipcar App 加入會員並通過審核，就可以即時看到附近車輛可借狀況並預約。領車則透過 App 找車，並用 Zipcar 會員

卡感應開門，車上有附加油卡，前 60 公里免付油錢，之後以每公里 3 元計費。保險費用也包含在租借費裡。借車與還車採自助式，每次借車間會登錄車況，領車時使用者可先檢查有沒有未登記到的損傷。在台灣，會員必須繳納會費，分為月費 500 元及年費 3,999 元。使用每小時收費 250-350 元，以日計價則是 3,500-3,800 元。汽車共享廠商包括 SHARE NOW、EasyMotion、Enterprise Car Club 等。由 Robin Chase於 2000 年在美國麻州劍橋大學所創辦的 zipcar，堪稱「汽車共享」的翹楚，他們使用的口號「你身邊的輪子」（wheels when you want them），符合消費者「隨時想用隨時有」的便利方案。

共享汽車主要有三種模式：自助租車站點（station-based）、自由移動（free-floating）、點對點（Peer to Peer）[8]。2019 年有 59 個國家提供汽車共享服務，全球 3,128 個城市中一共有 236 家汽車共享業者。

實際上，自助租車站點是主要的汽車共享模式，所有業者中的 61% 都在使用這種服務。Zipcar 於 2000 年推出並在全球擴張，這是該商業模式已成為市場主導地位的主要原因。不過有些城市的業者只提供 100 輛以內的車子。

自由移動的共享模式（例如：SHARE NOW 或 Emov）的市場占有率增加了 9%，目前在 160 個城市和 36 個國家擁有業務。SHARE NOW 2019 年會員人數同比增長 21%。點對點

---

8 movmi (2019), CARSHARING MARKET & GROWTH ANALYSIS 2019，https://movmi.net/carsharing-market-growth-2019/.

（例如 Turo 或 Getaround）仍然只占 6%，並且僅在 19 個國家可用。截至 2020 年，Turo 擁有 1,400 萬名會員，並在 56 個國家擁有 45 萬輛汽車。SHARE NOW 則是擁有超過 300 萬用戶，可以使用位於歐洲各個城市的 16,000 輛汽車。2020 年 2 月 29日，SHARE NOW 由於過度競爭、成本增加以及用於支持電動汽車的基礎設施有限，退出北美市場。

按使用付費模式也被飯店產業採用，小時付費租用酒店房間成為受歡迎的商業模式。ByHours 是一個平台，用戶提供 6、12、24 和 48 小時的固定價格套餐，透過 ByHours[9] 預訂彈性入住以及退房時間媒合用戶與酒店，ByHours 收取一小筆費用。ByHours 成立於 2012 年，主要在巴塞隆納和墨西哥城，這是酒店業對於 Airbnb 的反擊。該平台在 600 個不同目的地的 3,000 家酒店中提供了靈活的旅遊模式，他們認為酒店的房間不僅僅是在睡覺，酒店業具有充足的人力資源可以應對隨需飯店的清潔需求，該公司宣布將擴大服務拉丁美洲、歐洲和中東的業務，並擴展至美國。

按使用付費另稱為按結果付費，數位媒體平台 Xaxis 透過其仍待發表的 Light Reaction 代理機構，為其客戶提供僅支付廣告產生的符合某些預設目標的結果。群邑集團旗下的 XAXIS（邑策）公司核心技術叫作 Turbine，其實就是像大腦

---

9 Tim Smith (2020), Hotel room-by-the-hour startup ByHours raises €8m: Just don't mention "love hotels", https://sifted.eu/articles/room-by-the-hour-startup-love-hotels/

一樣的運算中心，能夠把消費者依行為足跡分眾，再與媒體代理商的行銷目的媒合。因此可以整合 Facebook 與 Google 的功能，了解客戶數位足跡的全貌。

芬蘭消費者糾紛委員會則是處理音樂家查克貝里音樂會的客訴，粉絲感覺表演沒有達到一般水準，芬蘭消費者糾紛委員認為對演出不滿意的演唱會，觀眾可以取回他們的錢，或者至少取回票價的 50%。雖然本質上不是商業模式，但它確實反映了文化的消費方式，類似於消費者按使用付費的處理方式，或更具體地說，是「隨需求付費」內容的處理方式。在西班牙的能源部門，甚至能根據客戶一天使用能源的時間收取費用。技術是關鍵，只有擁有智慧遙測設備的客戶才能使用按使用付費模式。無論如何，這都是邁出更公平訂價的一步。

在文化產業和媒體領域，按使用付費與訂閱緊密相關，訂閱制稍後將詳細討論。一般而言，用戶為訂閱支付固定金額，並且有權使用某些付費內容。這類似於在特定時期內有效的固定費用或限制可以使用付費內容的次數。直播最早是透過體育賽事的廣播而流行起來的，YouTube 和 Dailymotion，兩個 Internet 上最流行的影片台中有類似的服務。紐約大都會歌劇院（Met）是第一個利用高清設備向全球電影院串流媒體內容的歌劇院，最初鎖定的是美國和加拿大市場。他們的首場演出是 2006 年的《魔術長笛》。大都會音樂劇在全球 54 個國家有 250 萬人觀看，帶來了 2,000 萬美元的收入。根據《紐約時

報》的報導，大都會大學是迄今為止唯一使用這種商業模式成功獲利的機構。串流傳輸的內容是大都會隨需求服務的基礎。此內容還用於作為歌劇的 DVD 版本，除了歌劇本身之外，還包含後台採訪和布景設計細節等，iPad 用戶可以透過 Met 的應用程式使用此內容。

Netflix 是固定費率流內容或影片點播（VOD）最著名平台之一，其基本概念為它允許用戶線上觀看電視連續劇和電影，並允許他們租借實際的 DVD，例如來自影片俱樂部的 DVD。Netflix 的開創性訂閱系統模型迫使其直接競爭對手 Blockbuster 開發自己的線上影片租賃服務以跟上潮流。最初 Netflix 的商業模式基於影片租賃服務但證明不成功。結果，Netflix 重新提出允許其客戶使用的訂閱模式可以按月租用所需數量的 DVD。與銷售線上內容的其它主要公司一樣，Netflix 在其推薦系統中使用演算法，以保持其客戶忠誠度。Netflix 在 2019 年第四季全球新增會員人數為 876 萬人，在美國新增人數則是 42 萬人。2019 年 Netflix 全球累積會員人數為 1.6709 億人，去年同期 1.3926 億人增加 2,738 萬名會員，而亞太地區則為 1,623 萬人。2020 年第四季度財報。2020 年 Netflix 股價增長超 70%，市值超 2,200 億美元。當季實現營收 66.4 億美元，付費訂閱用戶達 2.04 億人。

抖音創辦於 2016 年 9 月 20 日，原來是音樂創意短影像社交軟體，用戶拍攝音樂短片，用戶可錄製 15 秒鐘、1 分鐘或

者更長的影片，也能上傳照片等。2017 年，抖音推出海外版 TikTok，並以 10 億美元收購北美音樂短影片社群平台 Musical.ly。2019 年，在出現後短短三年裡，全球下載量達 15 億次，它的市場占有率已經超過了臉書、推特等。2020 年抖音和 TikTok 在全球手機應用商店下載超過 20 億次[10]。

平台名稱／服務內容	Netflix	Zipcar	Byhours	抖音
提供什麼	串流影片	共享汽車	按使用付費的飯店（目前有 24 個國家）	年輕人的時尚的短影片社區
怎麼付費	基本型（1個設備）標準型（2個設備）高級型（4個設備）	每小時 188 元每日 1,880 元最低使用時間為 1 小時，之後以每半小時為單位計算每日最高只收取 10 小時的費用	按使用付費模式。允許透過 3、6 和 12 小時的套餐來預訂 3,000 多家飯店	靜態／動態廣告：200 元/CPM 影片廣告：240 元／CPM 抖音廣告：30 萬／週 抖音名人：500 元～10 萬
多少人使用（2020 年）	2.07 億付費用戶	100 萬左右	全球 25 萬	日活用戶 6 億月活用戶 7.32 億

10 BBC 中文網（2020 年 7 月 9 日），Tiktok 和抖音：從默默無聞到充滿爭議，from: https://www.bbc.com/zhongwen/trad/world-53356360

3.2.3 訂閱（Subscription）

免費增值（Freemium）提供軟體長時間的免費使用，但是其中一些功能需要付費，雲端儲存服務 Dropbox 與線上筆記平台 Evernote 都是經典案例。免費是訂閱模式下的一種獲客方式。基於訂閱的商業模式本身變得愈來愈多靈活。訂閱模式的一個優點是它允許公司使用固定客戶方案和時限（一週、一個月、一年）。訂閱模式對客戶的真實需求有更清晰的認識，這也成為穩定現金流支付，與按使用量付費的不同是在業務規劃方面。

從美國發源的雲端訂閱制先驅者之一 Salesforce，利用雲端提供客戶關係服務軟體，用戶每個月付費，企業隨時提供最新的軟體服務，用戶可以節省一次性的套裝軟體支出，精簡資訊人事成本，透過連線隨時更新軟體；企業也可以集中精神，提高顧客滿意度。Adobe 是軟體訂閱制的經典案例，2012年起開始數位轉型，當年訂閱制的比率只有 4%，如今已經超過 90%；股價也從 2012 年約 30 美元，到 2021 年 490 美元，市值達到 1,345 億美元，和微軟、Salesforce 並列三大軟體企業。

電子商務會幫助訂閱模式激增，當軟體公司開始使用訂閱模式時，訂閱模式首先在雜誌上流行，隨後又風起雲湧。訂閱模型適用於分銷商、製造商和顧問以及所有類型的服務、產

品或內容。甚至內衣產業也有訂閱服務，Quarterly Underwear Club 只要客戶每季支付 69 歐元，就會收到兩件新內衣褲。

在遊戲領域，訂閱制成長迅速。2018 年訂閱制最受歡迎的 3 項服務 PS Now、XGP 和 EA Access，收入合計達 2.73 億美元。2020 年 Sony Play Station Plus 訂閱會員達 4,760 萬人，2020 年遊戲則占微軟總營收的 8%。GameFly 被稱為「遊戲的 Netflix」是一家專門從事訂閱模式的美國公司。GameFly 透過郵件向用戶出租控制台和遊戲，類似於 Netflix 和 Blockbuster 對 DVD 的處理方式。早在 2012 年，GameFly 就將線上 PC 遊戲添加到了他們的產品中，這對於遊戲玩家來說非常有效，他們不再需要為新遊戲掏出 50 美元。每月 15 美元，遊戲玩家可以將同樣的 50 美元遊戲帶回家並完成遊戲，或者每月 22 美元甚至可以租兩個遊戲[11]。

2015 年 6 月，GameFly 決定邁向串流媒體，它收購了 Playcast。GameFly 和 Netflix 之間的區別在於，與其以每月固定的價格提供無限量供應的模式，其用戶還能以每個月 6.99 美元的價格租用遊戲套餐。著名電玩遊戲開發商 EA Labels 以訂閱制發行其最受歡迎的遊戲，如《戰地風雲》，這是一款軍事模擬遊戲，擁有超過 150 萬用戶。EA 一直跟微軟 Xbox One 用戶提供訂閱服務，使他們可以每月 5 美元或每年 30 美元的

---

11 Melanie Huddart (2020), GameFly review, https://www.finder.com/internet-tv/gamefly-video-game-movie-streaming-review

價格無限制玩某些遊戲。其它電玩遊戲，例如《魔獸世界》和
《上古卷軸 Online》則有數百萬玩家。這些遊戲被歸類為「大
型多人線上遊戲」，必須繳交訂閱月費。

　　視聽產業中有幾種平台，其按使用付費系統也可以歸類
為訂閱模型。在音樂領域，Spotify 是這些案例之一。從 2008
年起，Spotify 開始使用免費增值／高級增值模式以訂閱方
式提供串流內容服務。Spotify 於 2019 年公布總月活躍用戶
（MAUs）報 2.48 億人；Premium 付費用戶增加 500 萬人；營
收 19.3 億美元；營運利潤約合 6,000 萬美元；營運支出為約合
4.29 億美元，年增率上漲 11%。2020 年月活躍用戶（MAUs）
達 3.45 億，付費用戶占 1.55 億人，總營收達 78.80 億歐元，
其中訂閱制達 18.8 億歐元。

　　Spotify 與 Sony、EMI、Warner Music 和 Universal 等唱片
公司合作授權。該平台旨在為用戶提供取代 Napster 點對點音
樂共享服務，該平台使用數位版權管理（DRM）的技術，消
費者可以免費使用一段時間，之後就需要成為付費會員。另
外，它將音樂串流服務收入的七成付給唱片公司或是創作人，
它主要的收入來源即是廣告與訂閱費。相比之下，Netflix 的
大部分業務都基於較早的電影和電視連續劇。2021 年 Spotify
的訂閱者可以免費使用 1 個月 Spoitfy Premium 方案，無限制
地收聽他們想要的所有音樂。在那之後，免費的方案僅提供隨
機播放、一小時內切換 6 首歌、播放穿插廣告、上線才可聆

聽、基本音質的限制。免費增值（Freemium）用戶必須聆聽歌曲之間的廣告，而高級用戶除了可以享受其它優勢之外，還可以免費享受音樂廣告甚至下載歌曲。免費增值用戶提供 48 小時的免費試用期，以體驗擁有高級帳戶的感覺。總而言之，Spotify 使用三種不同模型的組合：訂閱、免費／高級和帶有嵌入式廣告的免費內容。

平台名稱／服務內容	Salesforce	Adobe	Spotify
提供什麼	提供 PaaS 服務客戶關係管理（On-demand CRM）	創意雲端服務	音樂串流與下載服務
什麼免費	試用 30 天	試用 30 天	30 天免費試用
什麼付費	分為基本版、專業版、企業版、無限制版	Creative Cloud 服務的包月費是 49.99 美元，購買單一的應用授權許可的包月費是 19.99 美元，而現有的 Creative Suite 使用者的月費則是 29.99 美元。Adobe 還推出了學生和教師版本，以及針對團隊使用者的定價計畫。	Premium 方案個人首月免費，優惠期後每月只需 NT$149 Family 方案優惠期後每月只需 NT$240，最多 6 個帳戶
多少人使用（2020年）	15 萬企業戶	超過 2,000 萬	3.45 億（1.55 億個付費用戶）

3.2.4　會員制（Membership）

關於商業模式，會員制實際上與訂閱是非常相似的模型。
會員制意味著一種更直接與依賴的關係，是一種歸屬感而不是
某種交易，例如客戶忠誠度計畫。會員資格是一種行銷概念，
因此取決於它的定義方式。一些會員商業模式需要收取費用以
換取會員身分，與前面討論的 Web 服務密切相關。但是對於
會員來說，任何訂閱費都是次要的，因為屬於網站或平台本身
是他們的最終目標；簡單地說，他們想要一個像 Match.com 具
有歸屬感的約會平台，網站服務的用戶不僅僅是訂閱者，而是
成員，他們也會推動網站的業務。

會員制可能被認為是訂閱的一種，但是一般來說，成員和
訂閱者是兩種不同的動物。訂戶需要為服務或某種類型的內容
（例如音樂、影片、書籍或新聞）支付前期費用。換句話說，
達成了一項協議，在該協議中，訂戶以一定數量的金錢來交換
其已訂閱的內容。會員制是指屬於某個組織，該組織可以是銷
售服務或內容的任何類型的公司。例如：用戶可以是粉絲俱樂
部或讀書俱樂部的成員，但是為了獲得服務或使用內容，必須
首先支付年度、季度或每月的訂閱費。從保險人的角度來看，
保單持有人是訂戶，而受保人則是會員。簡而言之，訂閱意味
著定期付款，而成為會員則意味著屬於某組織，例如：俱樂
部、報紙、保險單、社群等。因此，會員制實際上是一種行銷

概念，WordPress 的成員不是該平台的訂戶，但是他們確實屬於成員社群，其用戶，這些社群具有共同的興趣並且忠於該網站。

但是，某些會員業務模式確實需要付費才能換取會員身分，這與前面討論的 Web 服務緊密相關。對於會員來說，任何訂閱費都是次要的，因為屬於網站或平台本身是他們的最終目標。簡而言之，身分才是他們想要的。

在其它情況下，會員制的概念與擁有高級增值客戶，具有其他用戶沒有的特權的訂戶相關。遊戲產業中當用戶被視為會員而不是普通訂戶時，儘管存在於虛擬世界中，但基於免費／高級會員模型的熱門遊戲《第二人生》（Second Life）〔以及後來的《熵世界》（Entropia Universe）〕的用戶是社區的一部分。他們不僅僅是使用和玩遊戲的訂戶，他們實際上是其中的一部分。實際上，只有成為會員，玩家才能進入特定的平行世界。通常，會員制和訂閱模型之間的差異可以歸結為語義上的細微差異。在媒體產業中，除了建立忠實的社區之外，企業也愈來愈善於圍繞通常提供的內容創造其它類型的內容（電子書、影片、課程等）。它們的目標是開發一種超越訂閱的會員模式，這種模式可以針對最忠實和狂熱的讀者，就像 Longreads 那樣。

以經營會員制最為出名的有亞馬遜、阿里巴巴、Costco，它們都整合 OMO（Online Merge Offline）的會員生態圈，同

時帶給所有客戶全新的會員體驗，良好地經營客戶的忠誠度。

平台名稱／服務內容	亞馬遜	阿里巴巴	Costco
提供什麼	一般會員與Prime 會員	一般會員、88VIP、APASS	一般會員與商業會員
什麼免費	折扣優惠，滿額折扣	普通會員	免費家庭卡 1 名
什麼付費	Amazon Prime 付費方案主要分為月付 12.99 美元、年付 99 美元兩種選項。	88VIP 融合餓了麼、蝦米音樂、優酷會員、天貓等平台會員專屬身分融合，推出一個 88 元人民幣的全年套餐計畫。APASS 從用戶中甄選出的 1% 頂級會員，目前會員規模在 10 萬之上，這項會員制度採取邀約制。	一般會員卡，又分為公司行號可辦理的「商業會員」以及一般個人可辦理的「金星會員」。Costco 商業會員卡 1,150 元，Costco 金星會員卡 1,350 元。
多少人使用（2020 年）	1.5 億人	付費會員 3,500 萬	1.05 億

3.2.5 免費增值版/高級增值模式（Freemium/Premium）

Freemium 這個詞，已成為網際網路新創企業和智慧型手機應用程式（App）開發者的主流商業模式。這種模式的運作方式是：使用者可免費使用基本功能，但必須付費訂用更豐富

的功能。免費增值是 Fred Wilson 創造的名詞，它是「免費」和「高級」字樣的重寫，免費增值模式已在互聯網上存在多年。這種模式背後的想法是免費提供產品或內容，同時為付費用戶保留高級增值模式，也被稱為高級用戶。增值內容可能包括嵌入式廣告或行銷。免費增值作為商業模式是從軟體服務開始，Spotify 在免費增值模式中包含嵌入式廣告，同時讓高級用戶不受廣告干擾，這是 Pay-in-App 的模型。當很多平台都免費提供內容時，其免費增值／高級增值模式獲利的唯一方法就是每個月吸引很多活躍用戶。如前述，更重要的是轉換一般用戶為付費的高級客戶，並且如果平台具有不同級別的高級增值模式，則吸引用戶訂購最高的付費方案。

如果不是為了上述任何一個目的而提供免費訂閱，那就沒理由讓它免費。你還要特別注意，本來是免費的東西，很難改成收費，像社交軟體 What's　App、音樂下載網站 Napster 和許多其它的公司，都已經學到慘痛的教訓。

利用免費增值吸引客戶，再提供進階服務，目前在不同的產業領域，各有其翹楚的業者，如大家熟知的 LinkedIn／Dropbox／Economist，它們都是提供專一的服務，然後利用升級的方式吸引客戶，對於客戶而言，可以享受到一般的服務內容與進階的服務內容，帶來不同的體驗感受，通常這種一般服務是沒有時間限制，而是有容量或是資格的限制。

平台名稱／服務內容	LinkedIn	Dropbox	Economist
提供什麼	專業人士的人脈網站	雲端儲存與檔案共享服務	紙本雜誌的數位版
什麼免費	免費使用網站	2G 免費	部分新聞免費
什麼付費	獲得專業諮詢以及了解查詢檔案背景的人士	原本 Dropbox 專業版提供 100GB、200GB 及 500GB 的儲存空間，分別收費每月 9.99、19.99 及 49.99 美元。現在簡化為單一方案，每月費用一律 9.99 美元或一年 99 美元，用戶可獲得 1TB 的硬碟儲存空間，並享有額外的共享權限控制及遠端清除功能。	《國別報告》，875 美元可訂閱 12 個月的推播；《時政前瞻》，510 美元訂閱 12 個月；《經濟前瞻》12 個月的訂閱費為 850 美元。
多少人使用（2020 年）	7.4 億	7 億用戶，1,500 萬付費會員	200 萬

3.2.6 嵌入式廣告（Embedded AD）

嵌入式廣告模式是包括向用戶提供免費內容以及嵌入其中的廣告，相反於高級增值模式，用戶可以享受無廣告內容和其它附加組件以換取收入。然而，事實是沒有任何東西是免費的，用戶支付的費用是他們的隱私，就像數據收集，一些電視

平台如 Hulu 或 Crackle 允許用戶免費觀看電視劇或電影以換取收看廣告。其中最為大家所熟悉的就是善用線上廣告的社群媒體，我們享用它們的服務，但是同時卻提供個人訊息給它們。

平台名稱／服務內容	Instagram	YouTube	Facebook
提供什麼	社群照片分享	影片分享	社群網站及通訊軟體
什麼免費	消費者免費使用	消費者使用免費，最近有付費不受廣告騷擾的方案	消費者免費使用
什麼付費	向企業收取廣告費，依照不同條件收取不同費用，廣告費率是浮動的	平均每百萬點擊可賺取 3 萬，每千點擊約 1 美元收入	向企業收取廣告費，依照不同條件收取不同費用，廣告費率是浮動的
多少人使用（2020 年）	10 億	23 億	27 億

3.2.7 遊戲化（Gamification）

遊戲化已經存在了很多年，但是在過去的兩年中，它成為一種廣泛使用的模型，甚至可以分散到不同的領域。遊戲化是一種概念，運動產業也融入遊戲化的概念，包括籃球、足球、棒球，另外桌遊與紙牌也是其中的一種形式。

一般而言，遊戲化是指在一般的環境中添加類似於遊戲功

能的服務。這個想法是為了激勵用戶的行為、想法、興趣和互動。換句話說，無論是文化（博物館、劇院、書籍）、企業、休閒、商業等，在任何類型的環境中都可以娛樂調節行為。遊戲化促使許多人將其歸類為一種新穎的商業模式，儘管它實際上可能與業務無關，而與行銷、敬業度、忠誠度、員工士氣和創造社群關係更多。

一般而言，遊戲化與獎勵模式相關。但是，它超越了僅僅只獎勵用戶評論或投票的模式。藉由將遊戲體驗作為學習歷程，用戶可以透過挑戰用戶以完成遊戲，或推動用戶在遊戲本身中做出決策，可以吸引之前沒有接觸過此項產品的用戶。每個公司在實施遊戲化時都有自己獨特的重點。例如：消費品的公司為了建立品牌忠誠度並覆蓋特定人群，通常將遊戲化工作重點放在互聯網和社群媒體網站上。但是，軟體公司使用遊戲化將「試用期」用戶轉換為付費用戶。這些公司還使用遊戲化作為收集用戶資訊（大數據）的方式。最後，遊戲化可以使公司確實了解誰是它們的用戶和潛在客戶。大小公司都在實施遊戲化作為長期投資的業務通路，以及創造用戶將自己視為積極參與者的環境的一種方式，以幫助提高其用戶到客戶的轉換率。遊戲化通常會作為 App 服務中的一環，但是也有業者是以遊戲化的方式提供客戶數位服務，並透過遊戲化的內容，讓客戶增加黏著度，其中金融服務最有名的 App 就是 Mint，其它的 App 雖然受到喜愛，但是並不一定會吸引大量的用戶，

如 Fortune City、HedgeTrade。

平台名稱／ 服務內容	Mint	Fortune City	HedgeTrade
提供什麼	連結所有的帳戶並提供理財與帳戶整合服務	兼具電子帳簿功能和模擬經營遊戲性質	一個預測平台，專門為希望與專家進行交易的業餘交易者而設計。經驗豐富的交易者對 HEDG 代幣進行下注，以表明他們對交易預測「藍圖」的信心，而新手交易者可以購買這些藍圖來像專業人士一樣進行交易。
什麼付費	免費	免費	購買藍圖與交易收費
多少人使用 （2019 年）	2,000 萬人	200 萬	未公布

3.2.8　群眾募資（Crowdfunding）

　　群眾募資要說是募資，不如說是行銷比較恰當，因為最後的贏家是最會做公關的團隊。由於群眾募資是預購形式（投資你的專案的人等於預購你的產品），這代表實際上募資的錢有一大部分將會花在製造和物流成本，因此群募的金額並不像一般投資可以專注於商業開發和產品研發上。

　　群眾募資是這些模式中的另一個，這是一種新的商業模式，它繼續引起媒體的關注，並在每個領域產生或多或少成功

的新案例。群眾募資是最流行且最常見的線上捐款，它基於微型贊助的概念，即項目、服務、內容、平台、製作、書籍等的大規模資助。不同於傳統的集體募資，是為某個項目籌集資金的方式，並非真正的商業模式。例如：Wikipedia 引用了 Extremoduro 和 Marillion 這兩個樂隊的案例，他們的粉絲籌集資金分別錄製了 1989 年和 1997 年的專輯。

目前大家比較熟知的群眾募資平台，像是美國的 Kickstarter、Indiegogo 或台灣的 flyingV、Wereport 等，都是屬於獎勵回報（Reward-based crowdfunding）或捐贈（Donation-based crowdfunding）導向為基礎的群眾募資平台。

群眾募資的執行方式有兩種，分別是「剛性專案」（fixed project）與「彈性專案」（flexible project），「剛性專案」是指在規定時間未達到預計目標就必須把錢退還給捐款者，項目擁有者可以選擇在未達到目標的情況下利用獲得的錢繼續進行其專案，但是所有承諾給支持者的獎勵必須百分之百予以兌現。Indiegogo 屬於彈性專案，他們向所有項目收取 4% 的佣金，截至 2020 年募集到 10 億美元，贊助了 65 萬多個項目。Kickstarter 則是剛性專案，他們認為全有或全無的資金意味著，除非達到其資金目標，否則不會向任何人收取費用，如果項目成功獲得資助，Kickstarter 會向為創作者收取的資金收取 5% 的費用，Stripe 另收取付款處理費（大約 3-5%），Kickstarter 截至 2020 年 3 月募集到了 48 億美元，並支持 17.9

萬個專案。Kickstarter 在 2020 年獲得創記錄的 7.3 億美元資金，其中 2,330 萬美元用於電玩遊戲。2020 年比 2019 年多了 1.15 億美元，這是自2014 年以來最大的成長。有趣的是，2020 年群眾募資項目數量少於 2019 年，而是平均每筆募集了更多的資金。

　　群眾募資模式在出版業的發展相當迅速，網路漫畫插畫家 Rich Burlew，曾發起世界上最成功的群眾募資活動之一。Burlew 從 Kickstarter[12] 的支持者募集超過 100 萬歐元的資金，這筆金額成功地幫助他進入出版界。透過募資，作者／插圖畫家可以為他的粉絲們提供多種選擇，例如：提供冰箱貼和故事的 PDF（10 歐元）、四個磁鐵（100 歐元）、親筆簽名的書籍（200 歐元）和原圖（600 歐元）等。之後，有像兒童書作家尼娜・拉庫爾（Nina LaCour）將她的第一本小說《霍德・斯蒂爾》改編成一部故事片；還有西班牙作家／插畫家加里多・巴羅索（Garrido Barroso），透過 Lánzanos平台創作漫畫《獨奏》得到所需的 750 歐元。

　　群眾募資甚至開始吸引一些已經成立的公司。《白色評論》、BOMB、麥克斯威尼（McSweeney's）、格爾尼卡（Guernica）等都是藝術和文化雜誌的案例，它們都已決定求助於忠實的粉絲來資助他們的出版物。除了資金支持外，這些

---

12 Kickstarter (2021), Kickstarter 統計資料, https://www.kickstarter.com/help/stats?ref=global-footer

項目還幫助公司看到群眾募資促進了對內容的積極消費，並使讀者參與了決策過程。

在可能是第一個群眾募資的出版平台 Unglue.it 上，讀者可以捐款或贊助某些電子書，以說服版權所有者讓其書籍在知識共享許可下出版。一旦超過預設數量，便可以供所有人免費使用。一些圖書館對 Unglue 平台產生興趣，該平台的創始人埃里克・赫爾曼（Eric Hellman）曾經幫助建立圖書館的連結技術，希望他們能幫助推動他的提案。

Unbound 是 Unglue.it 的英文版本。它的商業模型很簡單：作者提供一個想法或故事情節，如果有足夠的讀者支持，則該書將可出版。然後，編輯人員需要批准提案並分配預算，其中包括編輯、寫作、製作、市場行銷和發行，每本書平均成本約為 2 萬歐元。印刷書籍後，作者和平台之間的利潤拆分將平分。

Unbound[13] 的某些書是由知名作家撰寫的，Unbound 的主要目標之一是在其作者和讀者之間建立緊密的聯繫。參與者參與群眾募資項目的方式因他們捐贈的金額而異，並享有一些好處，例如與作者見面或收到獨家晚會的邀請。截至 2020 年 Q1，Unbound 擁有 241,306 位用戶，並籌集了超過 8,598,401 歐元，援助 525 個專案。Inkshares 則是 2013 年創立的出版業群眾募資平台，將其群眾募資模式定義為「全有或全無」。

---

13 unbound,How it works, https://unbound.com/how-it-works

Inkshares[14] 需要獲得讀者的認可,並且募集有足夠的資金來支付 1,000 冊的費用。如果未達到要求的金額,則對該項目進行投資,其他需要贊助的任何人都可以得到支持。新穎之處在

平台名稱／ 服務內容	kickstarter	Inkshares	Burlew
提供什麼	專為具有創意方案的企業融資,該平台的用戶一方是有創新創意渴望進行創作,另一方則是願意為他們出資金的人,然後見證新發明新創作新產品的出現	由讀者決定哪些書籍可以出版	提供一個想法或故事情節,如果有足夠的讀者支持,則該書將可出版
什麼免費	僅負責融資,其它由提案人負責處理	任何作者都可以提交提案。項目上線後,讀者可以透過預訂書籍達到 750 本,使開始出版	出版編輯與行銷都是由出版社負責
什麼付費	在 Kickstarter 上,任何人都可以向某個項目捐贈指定數目的資金,網站收取 5% 的佣金	書在市場上銷售時才能賺錢,作者提供應收帳款淨額的 35%,這是扣除生產和分銷成本後剩餘的淨額	印刷書籍後,作者和平台之間的利潤平分
多少人使用 (2020 年)	重複支持者 583 萬	10 萬位作者	24 萬會員

14 inkshares,Frequently Asked Questions, https://www.inkshares.com/faq

於，許多 Inkshares 的活動都尋求書店來贊助書籍，提早知道
有多少書店想要什麼和出售哪種書。

3.2.9　直接銷售（Direct sale）

　　直銷作為業者的收入來源之一，並持續增長，以補充透過
第三方平台銷售商品的模式。實際上，加拿大的出版業已經採
取這種模式，HarperCollins 也採取了這種措施。

　　直銷也稱為 B2C 模式，定義為在沒有中介機構或中間商
干預的情況下直接向消費者銷售產品的方式，直銷模式在西元
1800 年即出現，製造商發現他們可以透過目錄直接將產品出
售給客戶。在 21 世紀，互聯網和電子商務將大量的商品直接
販售給消費者。但是，直銷模式的主要缺點是，降低了製造商
的銷售和行銷的責任。因此，通常會使用混合模型來尋求第三
方的幫助。從消費者的角度來看，直銷由於其便利性而被視為
有利，明顯節省了成本，使產品更便宜。公司喜歡直銷的主要
原因是它有助於保持較低的價格，並且因為它們能夠為客戶提
供更快、更個性化的服務。許多平台都採用直銷模式，其中一
些甚至成為銷售通路，雖然不是它們的初衷。

　　Pinterest 成立於 2010 年，一開始只有3,000 個會員，
Pinterest 不同於 FB、Instagram、Twitter 的社群平台，Pinterest
主要關注個人的興趣，最常被搜尋的是餐飲，其次是家庭裝
飾。2020 年 1 月全球網路使用者已達 45.4 億，其中社群媒體

用戶高達 38 億，每月有效用戶為 4.16 億，有 60% 以上的用戶是女性，25-34 歲的女性占 Pinterest 廣告閱聽眾的 30.4%。在各個社群平台中，Pinterest 的導購金額遠遠高於其它社群平台。2018 年 4 月 Pinterest 在紐約證券交易所掛牌上市後，拓展了六個市場，帶動每月活躍用戶達到 2.47 億，美國的每月活躍用戶達到 8,800 萬，也讓 Pinterest 成為美國第三大社群媒體。2019 年 Pinterest 總營收達 11.4 億美元，2020 總用戶數達 7 億，全球月活躍戶（MAU）達 4.59 億。截至 2021 年 1 月，就全球活躍用戶而言，Pinterest 排名世界第 14 大平台[15]。

　　Shopify 是加拿大的科技公司，2019 年他們幫助一百萬家中小零售商快速架起自有電子商務網站，當年總營收 15.78 億美元，在年增長 47% 之中，Shopify 的訂閱制方案增長 38%，達到 6.422 億美元，而企業級收入增長 54%，達到 9.359 億美元。2019 年 Shopify 推出了多項功能，例如電子郵件、Shopify 聊天、訂單編輯、影片和 3D，同時擴展了 Shopify Marketing 的廣告購買工具協助商家優化營運，提高銷售轉換率，提升商家品牌，並提供更好的買家體驗。但是，具有電子商務經驗的人都知道，只有將電子商務理解為業務管理工具，才具有競爭優勢。2020 年全年總營收達 29.3 億美元，較 2019 年增長 86%，2020 年商品交易總額達 1.196 億美元，年增 96%。

15 Katie Sehl (2021), 23 Pinterest Statistics That Matter to Marketers in 2021, https://blog.hootsuite.com/pinterest-statistics-for-business/

Shopify 的生態圈擴及 660 家 App 業者，並且有 4.58 萬合作夥伴[16]。

商家可以提供動態訂價和以客戶為中心的增值服務，例如與他們的瀏覽和連結相關的客製化推薦系統的購買歷史，並收集客戶使用不同的設備上所購買內容，為他們提供了我的最愛收藏區，以及符合他們興趣的內容提供折扣等，直銷商業模式真正的附加價值就是深入了解他們的客戶和購物行為，這也是 Zara、Mango、Iberia、Renfe 等公司如此決心將直銷模式納入其平台。

如前所述，大型平台和電子書商店仍然是電子書的主要銷售商。但是，商家若善用平台供應商所提供網路空間，可以提升客戶的數位體驗以及本身企業形象。許多商家已經將直銷功能整合到自己的網站中，但是以直銷作為主要銷售通路，不是每個人都可以做到，並非所有的作者都具有與 J.K. 一樣自家網站銷售的能力。

發行商 O'Reilly 除了直接向其客戶銷售，也繼續與其它通路合作，如 Amazon、Barnes & Noble 或 Apple，因此，它可以了解有價值的資訊，以幫助其調整內容、銷售和行銷策略。2017 年，O'Reilly Media 宣布不再出售線上書籍，包括電子書。相反，鼓勵用戶註冊官網或透過 Amazon 購買書籍。

---

16 Shopify, Making commerce better for everyone, https://investors.shopify.com/home/default.aspx.

在 2018 年，O'Reilly Media 將官網重新命名為 O'Reilly 線上學習。該平台包括書籍、影片、線上培訓、O'Reilly 會議視訊等。在2019 年，O'Reilly 收購了 Katacoda，以便用戶可以在網站本身中試用代碼。

　　數位時代網路直銷允許商家將所有 B2B 流程集中到其平台上，無須透過傳統的行銷通路。在 B2B 模式中，有 5,000家企業為其員工購買O'Reilly Media 網站課程的使用權。用戶只需使用其雇主或組織提供的密碼即可在其設備上登錄。O'Reilly Media 的所有課程都為公司提供員工的統計分析以及

平台名稱／ 服務內容	Pinterest	Shopify	O'Reilly
提供什麼	圖片搜尋平台與社群媒體	協助中小企業的電子商務平台	線上學習網站
什麼免費	可以免費取得企業帳號	90 天免費試用	10 天免費期
什麼付費	浮動式的收取廣告費用	基本版 29 美元／月 Shopify 版 79 美元／月 進階版 299 美元／月 加值版 2,000 美元／月	個人方案每月49 美元或每年 499 美元。Team 級別的年費也為 499 美元。
多少人使用 （2020 年）	用戶 45.4 億有效用戶 3.35 億	100 萬店家	5,000 家公司與 250 萬用戶

其它管理工具。公司可以一方面追蹤和分析員工的學習狀況，另一方面設置參數以幫助發現新的學習機會，還可以獲得用戶反饋以及認證員工完成課程等。

3.2.10 開放存取（Open Access）與點對點磨課師（P2P-MOOCS）

數位經濟商業模式還有兩個大家熟悉的方式，一是開放存取（Open Access），是指任何類型的接取，無須訂閱或付款。這個模型是最常用於提供教育、科學和學術材料，並與管理直接相關的數位圖書館收購和貸款，例如西班牙的 Miguel de Cervantes 數位圖書館，Gallica in France，或互聯網檔案館，開放圖書館或 Europeana 等。在西班牙，科學出版物和像西班牙國家研究委員會那樣的知識庫是 OA。使用 Wiki 技術的協作平台（如 Wikipedia 本身）也基於 Open Access 模型。二是 P2P-MOOCS 點對點磨課師（Massive Open Online Course, MOOC），與 Open Access 有許多相似處的 MOOC，在全球範圍內快速成長。重要的是，開放存取主要針對學術、科學和教育領域，P2P-MOOCS 模式則源於 P2P 技術，當使用者選擇線上課程時，不需要專用伺服器。這兩個都不是用於營利企業，適合教育企業或是科普企業使用。

平台名稱／服務內容	Coursera	edx	學堂在線	Udacity
提供什麼	學術及在職進修課程	非營利且開放資源的平台，平台上共有 4 種證書類型：XSeries、Professional Education、MicroMasters、Professional Certificate。	綜合培養解決方案、人才培養銜接解決方案、就業及終身學習解決方案。	在職訓練網站的平台
怎麼付費	Coursera 開始採用新的計費方式，讓學生按月計費。每個月 49 美元。	Professional Education 這類型課程是全部需付費的，MicroMasters 則會給予學分，未來可以憑這學分進入學校，是現在最主要發展的類型，費用約 540～1,500 元美元。Professional Certificate 則是新推出的類型，費用約75～2,340 元美元。	證書認證收費	所有微學程內的課程都需要收費，且學生必須在期間內完成課程。
多少人使用（2020 年）	7,600 萬	全球註冊人數 1.1 億多	6,300 萬	1,400 萬

3.3 數位經濟營運模式

3.3.1 平台經濟營運模式

數位經濟的平台商業模式在傳統通路業務策略中，茁壯成長，主要有兩個關鍵的經濟理論因素，分別是交易成本理論和網路效應。平台商業模式比純粹的市場交易更好，因為它可以進一步減少搜尋、匹配、協商和契約成本，以及降低消費者和供應商的資訊不對稱。科斯[17]認為，交易成本是指組織在對其生產過程做出選擇時所面臨的搜尋成本、協調成本、談判成本和資訊不對稱成本。在這情形下，平台商業模式的關鍵價值主張不是銷售產品，而是「減少交易成本」[18]。例如：像 Napster 這樣的 P2P 檔共用互聯網服務，用戶可以從事經濟活動購買和銷售語音檔，具有有效定價的優勢（由於市場上更好的定價訊息）和搜尋量的減少成本。像 iTunes 這樣的數位平台仲介，它有能力透過確保某些規則適用於經濟行為、產品品質和合法性來吸收交易成本。

平台策略價值主張還有一個因素使其更加強大：網路效應。網路效應描述了網路參與者的數量對平台上每個用戶的影響（Shapiro、Varian，1999；Zachariadis，2010；Reenen、

---

17 Coase, R.H.（1937），The Nature of the Firm, Economia, 4（16）,386-405.
18 M Munger.（2015）. Coase and the 'Sharing Economy. *Forever Contemporary: The Economics of Ronald Coase*, p. 187-208.

Zachariadis，2017）[19]。換句話說，平台用戶獲得的邊際收益（或成本）隨著平台上用戶數量的增加而增加。平台策略不同於一般公司策略[20]：

1. 價值網與價值鏈的差異：一般生產事業以上下游的買賣形成價值鏈，上下游之間是零和遊戲，上游賺得多，下游就賺得少，上下游的利潤取決於彼此的議價能力，但平台策略是用價值網的觀念，價值網中平台的參與者形成生態圈，共同對顧客創造價值，因此沒有上下游的概念，而是共同分享價值。

2. 網路外部性：網路外部性指的是當使用者愈多時，該平台對使用者的效用愈高，以手機作業系統為例，愈多人使用的作業系統，就會有愈多的應用程式供應商加入，就會吸引愈多使用者，出現一個正循環。

3. 多棲策略：平台的參與者不必只參與一個平台，但平台對於有價值的參與者，總希望能獨家提供該參與者提供的服務，所以就會產生複雜的博弈。

4. 延伸覆蓋（Enveloping）：只要平台企業擁有穩定客戶，在網際網路市場上，就能提供原有客戶更多的服務，所以

19 Markos Zachariadis（2017），The API Economy and Digital Transformation in Financial Services: The Case of Open Banking, SWIFT INSTITUTE, from: https://ssrn.com/abstract=2975199

20 陳威如、余卓軒，2017，平台革命：席捲全球社交、購物、遊戲、媒體的商業模式創新，台北：商周出版。

平台企業會逐漸互相侵蝕彼此的客戶與服務。

喬治亞大學教授瓦納在 2013 年的《平台生態系》，（*Platform Ecosystem Aligning Architecture, Governance, and Strategy*）建議，成熟期的資訊平台指標應符合三大需求：驅動創新、具有高度訊號對雜訊比、促進資源配置[21]。這種生態系統的形成將降低交易成本，並削弱網路效應和數據反饋循環的好處。作為數位化轉型和開放 API 經濟轉型的一部分，希望成為平台領導者的銀行和其它許可機構也需要決定它們希望與社區互動的開放程度。有學者嘗試區分銀行平台、銀行即服務、市場銀行等（Brear 和 Bouvier，2016）[22]，以及其它類型的銀行組織安排。Eisenmann（2008）等人提供了關於不同房屋平台介導的網路有用細分，確定了大多數平台需要根據其開放程度決定的四種不同功能。這些是：

1. 需求方平台用戶：通常被稱為終端用戶，也就是一般消費者；
2. 供應方平台用戶：這些是資源豐富的應用程式開發人員，為核心平台提供補充；

---

21 李芳齡（2016），Parker, G., Alstyne, G., Choudary, P.，《平台經濟模式：從啟動、獲利到成長的全方位攻略》（*Platform Revolution*），台北：天下雜誌。

22 D. Brear & P.（2016），Bouvier, Exploring Banking as a Platform（BaaP）Model, https://thefinancialbrand.com/57619/banking-as-a-platform-baap-structure/

3. 平台提供商：作為用戶與平台的主要聯繫點，並提供基礎
設施；

4. 平台贊助商：具有產權並負責確定誰可以參與平台介導的
網路，並開發技術。

平台生態系與各種開放程度，哈佛商學院教授艾森曼
（Thomas R. Eisenmann, 2009）對「開放」的定義：開放平
台就是對其發展、商業化或使用的參與不加限制；給予合理
且不具歧視性的限制，例如必須遵循技術標準，必須繳交授
權費用等，且限制一體適用於所有的潛在使用者。賈伯斯則
喜歡把開放與封閉的兩難稱為「碎片」（fragmented）與整合
（integrated）的選擇，賈伯斯的用詞巧妙地把辯論導向封閉、
控制的系統，賈伯斯對封閉系統的偏好來自於系統愈開放就愈
破碎，開放系統也難貨幣化，且較難掌控智慧財產，但是，開
放能激發創新。主要有經營者與贊助者的參與、開發者的參
與、使用者的參與[23]，經營平台的四種模式如下：

1. 專有模式（proprietary model）：一家公司既是平台的經
營者，也是贊助者，如蘋果；

2. 授權模式（licensing model）：平台由一群公司經營，但
贊助者只有一家企業，如 Google 或微軟；

---

23 李芳齡（2016），Parker, G., Alstyne, G., Choudary, P.，《平台經濟模式：
從啟動、獲利到成長的全方位攻略》（*Platform Revolution*），台北：天下
雜誌。

3. 合資企業模式（joint venture model）：單一公司經營，但由多家公司贊助，如旅遊訂房系統；

4. 共用模式（shared model）：由一群公司經營，另一群贊助的平台，如 Linux。

　　雖然開放性是平台商業模式的一個關鍵特徵，有時需要調整平台參與以避免負面網路效應或與其它平台競爭。在做出這個選擇時，平台所有者或領導者需要從廣泛的角度來決定封閉系統方法的替代方案，即由一間公司或一些公司、並由一方控制，開放平台即完全可以在公共領域接取，沒有開發和使用限制，不屬於擁有或由特定方控制（Boudreau，2010；Eisenmann 等，2008）。開放式平台方法可能會降低其利潤占有率，由於競爭加劇和進入門檻降低，創新者也減少了客戶被轉換為成本的可能性。一方面，互補產品的多樣性可能會增加創新的想法，但利潤下降也可能導致失去激勵和降低參與。開放與封閉的困境是一個難以解決的問題。關鍵決定的權衡是採用與可專用性的關係[24]，雖然開放平台可能會給利益貨幣化帶來困難，封閉的系統可能會扼殺創新並導致其消失。

　　平台商業模式有效獲利的兩大準則，一是平台商業模式的根基，來自多邊群體因有互補需求，所激發出來的網路效應。因此要獲利，必須找到雙方需求引力之間的「關鍵環節」，設

---

24 West, J.（2003）. How open is open enough? Melding proprietary and open source platform strategies. *Research Policy* 32（7）: 1259-1285.

置聰明的獲利關卡。平台模式與傳統企業不同之處，在於它並非僅是直線式、單向價值鏈中的一個環節而已。平台是多方價值的整合者、多邊群體的連結者，更是生態圈的主導者。二是必須跳脫「只專心服務單邊使用者」的傳統思維框架，定位平台事業可以服務多邊群體，連結起各群體之間的跨邊網路效應，必增強同邊群體的同邊網路效應，然後決定補貼模式——設定誰是付費方、誰是被補貼方。同時建立用戶過濾機制，決定每一邊群體實施多少開放程度以維護生態圈的品質，然後小心審視最重要的商業模式——在各群體對彼此需求最強大的點上設置獲利機制，並有效探勘用戶資料，以探索並發展出更多元的獲利管道。

3.3.2　API 經濟營運模式

API（Application Programming Interface，應用程式介面）已從系統應用開發的溝通介面或資料交換格式，成為可獲利的商品。在雲端運算、社群網路、行動應用等新興科技持續成熟下，新商業模式陸續出現，包括「API 經濟」的開放 API 模式。事實上，自 2000 年起，美國新創電子商務、網路相關業者即相繼以開放 API 方式增加營收，如 eBay、Amazon、Google、Facebook、Twitter、阿里巴巴、騰訊、百度，以及 Salesforce 等，亦採取相同開放策略，擴大至電信、金融等企業（周維忠，2015）。

John Musser（2013）[25] 在 2013 年 API 策略會議，提出 API 策略定義的是為什麼需要 API；API 商業模型定義的是如何從中獲利[26]。企業如何透過 API 獲利？公司透過三種方式將 API 貨幣化：數據收集、產品採用和開發人員使用（如表 3-1）。

表 3-1　API 定價案例說明

貨幣化模型	定義	API 範例
數據收集	從第三方服務業者應用收集數據，以用於產品設計或廣告工作。	當消費者使用 Facebook 登錄第三方服務業者應用程式時，社群媒體公司的 API 會了解消費者使用的應用程式以及他們如何使用這些應用程式。
產品採用和定制	允許開發人員構建自定義集成以提高價值並使其更難遷移到競爭對手。	當開發人員使用 Slack API 自動執行命令和流程時，他們遷移到競爭的聊天軟體變得更加棘手。
開發者用法	直接向開發人員收取 API 調用和請求。	Imgur API 要求開發人員從他們的線上圖庫上傳和下載圖片。

資料來源：Lindsey Kirchoff（2017）[17]
製表：本研究整理

---

25 J. Musser（2013）, API Business Models, from https://de.slideshare.net/jowen_evansdata/john-musser-2013

26 Kothalawala, A.（November 15, 2018）. *What are the Different API Business Models*?. Retrieved form May 4,2019. from https://nordicapis.com/7-types-of-api-business-models/

1. 了解你的 API（Know Your API）

在 API 貨幣化之前，要認識 API 性質，再為 API 做出不同的市場區隔，API 的功能如下[27]：

(1) API 作為業務功能：業務功能的 API 不是企業的首要產品，業務功能的 API 顯然對 API 提供商及其客戶有巨大的價值，但是很難透過競爭性的方式將這個產品貨幣化，相反的是透過它支援的業務功能貨幣化。

(2) API 作為產品功能：將 API 視為貨幣化產品時，當用戶以任何方式使用您的 API 時，該使用率需要透過每月註冊或其它某種收費機制來收取相關費用。用戶可以根據需要隨意使用您的產品，通常是收取固定費用。

2. API 市場定位

(1) API 分級（API Tiering）和進階功能：API 分級背後的想法本質上是 API 作為產品的新面貌，將基本級別作為免費選項提供，這通常被稱為免費增值，它一開始都是提供免費服務，如果需要更進一步的功能則需要付費。

(2) API 互動程度測量（API Interaction Metering）：API 互動程度測量是衡量用戶的互動方式，並且以互動的多少作為收取成本的過程，可以幫助企業找尋到定價模式。

(3) API 作為行銷工具：API 是企業生態系統的免費入口，

---

27 Sandoval, K.（2018, November 15）. *7 Types Of API Business Models*. From https://nordicapis.com/7-types-of-api-business-models/

API 的使用實際上是為了獲得更多客戶，其中價值本身不
是來自 API，而是來自 API 促進的業務。

3. API 商業模式演進

2005 年 API 經濟有 4 種核心商業模式，包括免費、開發
者付費、開發者獲得付費和間接。隨著技術的發展，到 2013
年這四個主要模型已經擴展到各種模型，商業模式如下：

(1) 免費（Free）：最簡單的 API 驅動商業模式，允許應用程
式開發人員自由接取 API。例如：Facebook 和大多數政府
與公共部門的 API 正在實踐這種商業模式。雖然這很受歡
迎，但它並不被認為是適應企業的主要模式。

(2) 開發者付費（Developer Pays）：此模型以應用程式開發
人員必須為特定 API 提供的服務付費的形式運行。2013
年擴展到五個不同的模型如下。

A. 隨你付費（Pay as You GO）：開發人員只需為透過 API
實際使用的服務付費。此商業模型中有一個定義的定
價計畫，供開發人員查明他們必須支付的確切價格，
並且沒有定義最低價格，如 Amazon web service。

B. 分級（Tiering）：基於分級的模式定義了不同的等
級，包括選項，如不同級別的 API 調用、訂閱應用
程式等，開發人員可以根據他們的消費選擇合適的等
級。

C. 免費增值（Freemium）：開發人員可以免費使用基本功能的服務。如果他們想要使用其它功能，必須付費並使用它。

D. 基於單位（Unit-base）：這提供不同價格的不同功能（單位），如 Google Adwords。

E. 交易費用（Transaction Fee）：主要用於支付 API，其中開發人員必須付給 API 支付交易一定比例的交易金額，如 PayPal。

(3) 開發者獲得付費（Developer Get Paid），開發者可以從中獲得 API 使用費。從 2005 年到 2013 年，它擴展如下：

A. 收入分成（Revenue Share）：開發人員透過客戶推薦獲得的購買總收入中，一部分得到了報酬，如 Google AdSense。

B. 會員（Affiliate）：允許客戶推薦開發人員，並根據公認的從屬關係，開發人員獲得報酬。這可以在亞馬遜聯盟計畫中看到。這些付款根據其引用方法分為子類別，例如 CPA（如 Amazon.com）、CPC（如 shopping.com）、註冊引薦（一次性與重複性）。

(4) 間接（Indirect），表達間接的 API 賺錢方法，包括四個子類別：內容獲取、軟體即服務（Software as a Service, SaaS）、內容聯賣（Content Syndicate）和內部使用。

A. 內容獲取（Content Acquisition）：此模型主要針對獲

取內容並透過各種 API /第三方服務業者應用程式分發內容以實現商業增長，如 eBay。

B. SaaS：此模型允許公司支付企業許可證並接取平台上可用的特定 API。

C. 內容聯賣（Content Syndication）：透過使用此商業模型的 API，可以將內容聯賣到合作夥伴。

D. 內部使用（Internal Use）：此模型允許企業使用 API 來支持它們自己的商業／內部商業部門。

4. 供應方用戶（B2B／B2B2C）

主要以 API 經濟的商業模式進行分析，開發者定價模式包括免費、開發者付費、開發者獲得付費、以及間接模式。另外，針對供應方用戶的客戶則需要以數位經濟的商業模式分析，包括微型支付、按使用付費、訂閱制、會員制、免費增值／高級增值模式、嵌入式廣告、開放接取、P2P-MOOCS，分析各國開放銀行 API 平台商業模式是以哪些商業最為成功。

5. 需求方用戶（B2C）

主要是對終端消費者的數位經濟商業模式分析，包括微型支付、按使用付費、訂閱制、會員制、免費增值／高級增值模式、嵌入式廣告、開放接取、P2P-MOOCS，分析不同平台業者適合的需求方用戶商業模式為何，以求創造更大的網路效應與經濟價值。

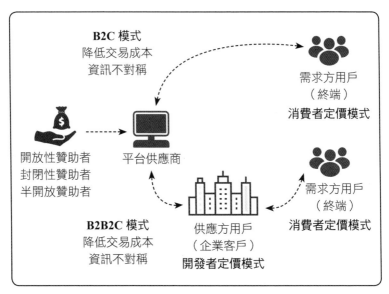

平台經濟網絡效應

▶ 圖 3-2 平台經濟商業模式

3.3.3 演算法經濟營運模式

演算法在這一兩年間，席捲各家企業，從 2008 年崛起的比特幣與區塊鏈應用，到 2017 年受到各界矚目的人工智慧應用發展。目前演算法應用較受到矚目的有區塊鏈、演算法營運平台、人工智慧，其中最具有市場價值的是演算法營運平台。

不論是區塊鏈或是人工智慧都在尋找自己的應用場景與商業模式，區塊鏈在台灣的發展遲遲無法推展開來，主要是因為應用場景是否絕對必須使用區塊鏈，區塊鏈得以創造出哪一種

創新的企業營運模式，以及如何應用區塊鏈賺錢，都是各界傷腦筋的地方。台灣業界得以應用落地的場景是財金公司推出的金融區塊鏈函證，在國際間多半是供應鏈融資或是國際貿易的信用狀融資等案例。目前，我們可以確認的是區塊鏈簡化了跨產業之間繁複的作業流程，以智慧合約的方式達成即時性多方之間的訊息確認與溝通，並於其中確認金流的動向。其它的種種應用，其實都非必要使用區塊鏈技術不可。

演算法營運平台也有人稱為人工智慧決策與行銷平台，最為人熟知的就是 Google、Facebook、Uber、亞馬遜、YouTube、推特、Snap、百度、騰訊和蘋果，這些公司都仰賴密集運算的演算法了解其客戶需求，以提供高度貼近客戶需求的服務，我們也可以稱為隨需服務，這些基於互聯網崛起的平台，以演算法改進公司的管理模式，以資料驅動作為其公司運作的核心，因此在營運思維與模式上不同於傳統的企業，可以提供高度彈性的服務，也創造許多新型態的營運模式，為人類的數位經濟帶來創造動能。

根據 PwC 估計，2030 年 AI 對全球 GDP 的貢獻將高達15.7 兆美元。其中 6.6 兆美元將來自生產力的提升，而 9.1 兆美元則來自消費端。在 PwC 所有受訪企業中，僅 9% 已經採用 AI 應用來改善營運決策；有三分之一已經在重要業務中採用 AI，主要集中於輔助智慧（Assisted Intelligence）和自主性智慧（Autonomous Intelligence）方面，將人工與感知性業務

轉為自動化。AI 共分成四種運作類型：

1. 自動化智慧（Automated Intelligence）：人工／認知性作業和例行性/非例行性作業的自動化。
2. 輔助智慧（Assisted Intelligence）：可幫助人類更快速、更完美地完成工作。
3. 擴增智慧（Augmented Intelligence）：幫助人類做出更好的決策。
4. 自主性智慧（Autonomous Intelligence）：系統不需人類介入即可自行做決策。

　　人工智慧演算法帶來預測成本的下跌與機器學習預測的規模化，將會改變企業經營的模式，平價預測將會改變現有商業運作模式，它不僅能預測企業傳統對於市場需求的預估，也可以提供新的服務如語音助理、智慧駕駛、智慧理財與翻譯，同時也能改變未來的商業模式，在客戶需求來到前先提供相關服務，改變既有的營運模式。

創新實驗室

1. 舉出幾個你知道的新創事業，分辨是營運模式的創新？還是商業模式的創新？如果是營運模式的創新，利基點在何處？是否取代了現在既有服務的模式？

2. 此文 https://www.bnext.com.tw/article/58307/apple-online-free-pay 報導蘋果日報採用的付費訂閱制失敗，為什麼蘋果日報的微型支付模式失敗了？如果是你，你的營運模式將如何營利？適合採取哪種商業模式？你將針對哪些客戶收費？

BETTER BANK SCENARIO
Banks digitise and modernise themselves to retain the customer relationship and core banking services, leveraging enabling technologies to change their current business models.

DISINTERMEDIATED BANK SCENARIO
Banks will no longer be a significant player in the intermediation market as customers interact directly with Fintech services providers.

DISTRIBUTED BANK SCENARIO
Financial service become increasingly modularised, while banks focus on providing specific niche financial service. Banks and Fintech firms operate as joint ventures, partners or other structures where the delivery of financial services is shared is shared across parties.

RELEGATED BANK SCENARIO
Banks become commoditised service providers and customer relationships are owned by new intermediaries, such as Fintech firms. The Fintech firms employ front-end customer platforms to offer a variety of financial services and they use banks for their banking licences to provide core commoditised banking services such as lending, deposit-taking and other banking activities.

NEW BANK SCENARIO
Traditional banks are replaced by new technology-driven banks, such as neo-banks, or banks instituted by Fintech firms, with full service "built-for-digital" banking platforms.

❸ 上面這張圖取自香港金融局 2020 年的 FinTech
Report，也是巴賽爾委員會描述香港銀行業未來 10 年
的五種可能情境。若把這五種情境改成你的行業之數位
轉型，發揮你的想像力描述一下！

Part 2
三個案例

我國導入創新技術的速度，並不會落後國際，不論是行動支付、區塊鏈、大數據、人工智慧、開放銀行、純網銀，我們都隨後即採用，但是就過去採納新技術而言，台灣並未因為新技術產生新的商業模式或是增加經濟成長。「解決一個問題，創造一個市場」，台灣發展創新科技的困境，需要在突破產業結構的困境與商業模式的困境，才能透過數位科技創新帶來經濟成長。

在本章我們先探討最近很熱門的數位金融創新，FSB 在 2016 年將 Fintech 定義為技術帶動的金融創新，是對金融市場、金融機構以及金融服務供給產生重大影響的新業務模式、新技術應用、新產品服務等，包括前端產業與後台技術。FSB 金融科技工作組 2017 年 6 月的報告，對 Fintech 發展的影響因素進行了簡要分析，認為全球 Fintech 發展是受三個相互關聯的因素推動的：消費者需求的改變、資訊科技快速發展以及金融監理和市場結構的變化。

行動支付在國際間受到重視，是自 2007 年，因為非洲與中國金融空白與金融排斥的問題十分嚴峻，因此開始推動，並得到極大的成功，也推進了微小企業與女性創業的發展，成為供應鏈金融中不可或缺的一環。「電子支付 5 年倍增計畫」是 2015 年訂下的目標，2015 年國內電子支付占台灣個人消費支出比僅 26%，相較韓國的 77%、香港的 65%、大陸的 56% 等確實偏低。2018 年是台灣行動支付元年，台灣行政院開始喊

出政策口號，財政部則號召公股銀行與財金公司整合市面上的 QR Code 規格，總共有 26 家銀行加入台灣 Pay 的規格，但是市面上包括電子支付業者一共還是有 30 幾種規格，規格的整合目前還未正式發酵，2017 年行動支付交易金額為 148 億元，金管會銀行局統計，2019 年 1 月到 11 月底，行動支付總交易額已達新台幣 1,003 億元，較 2018 年同期的 418 億元，大幅成長 1.4 倍，預估全年交易金額將創下新高。但就電子化支付比例來看，我國 2016 年度至 2019 年度（上半年），電子化支付交易金額各約 2 兆 7,108 億元、3 兆 641 億元、3 兆 6,562 億元及 1 兆 9,908 億元，占民間消費支出比重分別為 30.05%、33.14%、38.29% 及 41.3%，2019 年全年達到 1,824 億元。從電子支付整體數字來看行動支付的消費金額占比是偏低的，不過這也跟行動支付在我國屬於日常的小額支付是相關的。在疫情影響下，2020 年行動支付累計交易總額已達 4,230 億元[1]，呈倍速成長，其中手機行動綁電子支付交易額較前年翻倍成長來到 854 億元，超過行動信用卡的 689 億元。

因此本章探討行動支付最為成功的案例，PayPal、Apple Pay、支付寶與 M-Pesa，相關支付科技導入各國分別都有其不同的發展，PayPal 解決信用卡空白人群與跨國轉帳的需求，搭著網路商城的需求興起，創造線上支付的市場。Apple Pay 靠

---

1 陳薏綾（2019/11/17），〈觀察〉電子支付一年衝兆元商機 百Pay齊放下 兩強角力大搏鬥，鉅亨網，https://news.cnyes.com/news/id/4412787

著自己平台的強大優勢，將信用卡轉移到手機支付，成為跨國的新支付工具，但並未創造新的市場。支付寶則是因為大陸金融網點不足，線上商城與農村供應鏈的需求，融合進入互聯網產業、中小企業的資金來源以及相關產業資金支付的需求，成功將城市的錢帶進農村，促進城鄉發展，另外也因為國際消費市場對於中國生產的消費品有直接購買的需求，因此支付寶也拓展至其它國家。M-Pesa 的興起更是與金融空白息息相關，解決一般民眾缺乏金融服務，並且被排斥於金融體系之外，透過 M-Pesa 創造許多微小企業的市場，帶動整體國內的經濟成長。行動支付在已開發、開發中與未開發國家的發展路徑，各不相同，對於我國而言，數位時代的來臨，數位服務充滿彈性與零碎化，使用者藉由科技能將過去需要整份購買的服務零碎化，銀行也在這個潮流下，面對客戶對於快速與零碎化服務的需求，Brett King 指出美國銀行是類比設計，在現有基礎逐步演進的代表，與中國及肯亞所採用的第一原則正好相反。台灣銀行在採納新科技也是以類比作為設計，非回到第一原則，在引進新技術時，並非以解決客戶痛點，也就是因為追逐科技而採取新技術，應思考的是行動支付在我國可以解決什麼問題，才能成功創造一個市場。

　　2018 年度台灣進行許多金融科技政策的調整，包括監理沙箱、純網銀，2019 年金管會於 7 月則敲定開放銀行將循「香港模式」，採三階段開放措施，開放範圍依序為商品、客

戶及交易資訊，但是實際上是綜合香港與英國模式，督促財金公司成立第三方服務業者平台。7 月底台灣也即將確認兩家純網銀執照業者，2020 年金管會推出金融科技路徑圖，讓金融業與金融科技業者能達到快速競合，但也引起許多討論與爭議。目前開放的銀行的商業模式在台灣也未找出落地的方式，目前是透過財金平台作為發展，但是財金平台並不能發展開放銀行需要創造的平台效應，因此是金融業必須透過財金解決金融業於政策上開放客戶資料的困難，發展自己的平台找到客戶痛點，將場景金融融合進入銀行服務之內，並非只是彙整銀行帳戶等相關服務。

演算法經濟在全世界也逐漸興起，不論是區塊鏈或是人工智慧，目前區塊鏈最為成功的應用就是比特幣，其它應用則是在供應鏈金融中找到切入點，但是並未找到一個真正成功的商業模式，因此國際間出現許多區塊鏈的怪象，也出現很多圈錢的項目，一時之間似乎只要跟區塊鏈關聯上，一切都變成魔幻淘金夢，區塊鏈數位商品對於消費者的數位價值在何處，解決什麼市場問題，是真的問題？還是假的問題？都尚未如實被討論。人工智慧在台灣也是，但是他們採取的策略是讓技術先融入既有產業，從既有產業培養人才，再談論商業模式，台灣目前的人工智慧大多還是採用 IBM Watson、微軟 Azure、曠世人臉辨識演算法、Google 語音辨識、四大會計師事務所的 RPA，台灣目前的 AI 團隊最為知名的就是 Appier、Tagtoo

（塔圖科技）、Rosetta.ai、Akohub 等與行銷有關的人工智慧公司，其中 2014 年成立的 Umbo CV（盾心科技），是台灣 AI 新創中成功進入歐美市場的典範，在超過 30 個國家有長期付費企業用戶。但是似乎還未出現以人工智慧技術打造的商業模式，創造一個新的市場。

04

行動支付的挑戰[1]

　　筆者[1]於 2009 年前往大陸求學，當時支付寶開始受到大眾喜愛，我也是第一次感受到第三方支付的方便與好處，因為大陸廣大市場與對金融創新的探索，讓我在各試驗地點看到遍地開花的金融創新應用，連結著線上與線下的生活需求，在同學熱烈的介紹下，從阿里巴巴開始，當當網、攜程旅行網、凡客，都成為我的最愛，並注意到發展中國家在電子錢包與無分支銀行發展的前瞻性，同時也包括電信業者跨界金融業的趨勢。

　　在創新支付的發展，大約是 1998 年開始發展，最早期是第三方支付，有大家最熟悉的 PayPal 與支付寶，它們伴隨著網路購物發展，第三方支付保障了買家與賣家之間交易的安全性，買家會先購物花費寄託在第三方支付單位的帳戶中，直到確認收到貨品後，再由第三方支付單位將錢交給賣家，「代收」再「代付」即是第三方支付的主要功能。

　　電子支付大約在 2007 年左右開始發展，這個時候也

1　本書作者薛丹琦。
2　本章節錄自謝佳真論文，並由薛丹琦新增商業應用發展。
　　謝佳真（2020），臺灣行動支付是不可能的任務嗎？——商業模式創新的看法，臺灣師範大學，臺北市。

是智慧型手機開始推出的時候，電子支付也是科技公司
（BigTech）與金融科技（FinTech）最容易切入的金流服務，
不論是大家熟知的 PayPal、Apple Pay、支付寶、微信支付、
Google Wallet、M-Pesa，都是科技公司與互聯網產業所發展出
來的支付工具，而它們發展出來的第三方支付與電子支付是最
了解客戶，也最為成功。等到金融機構想要進入第三方支付市
場或電子支付市場，都是屬於後進者，發展的速度與方式也不
如前述的兩者來得受普及與歡迎。

在全球金融機構依賴信用卡體系的時候，早期電子支付發
展是由發展中國家電信業者所推動，客戶透過手機銀行網路開
設虛擬帳戶，將現金以電子錢的形式儲存在「手機錢包」中，
支付、轉帳等業務透過手機系統即可辦理，客戶需要提取現金
時，可根據「手機錢包」中虛擬帳戶餘額在任意協力廠商仲介
兌換。與銀行主導模式的根本區別在於，這種模式所開立的虛
擬帳戶餘額和交易記錄等資訊被保存在電信業者的系統中，
電信業者在合作銀行以自己的名義開立存款帳戶以存入客戶資
金。

爾後，行動支付有更進一步的發展，行動支付包含電子支
付（連結帳戶／虛擬帳戶）與信用卡支付，指的是消費者透過
手機、平板電腦等行動上網裝置，取代傳統用實體貨幣、信用
卡支付的型態。消費者可透過 NFC（近場無線通訊）、RFID
（無線射頻辨識）感測技術或是 QR Code 掃碼即可完成金流

交易。PayPal 執行長 Dan Schulman 認為，信用卡將在 20 年後被行動支付所取代，而感應式支付以及 QR Code 掃描將成為未來支付的大宗。

電子支付最大的特色，即是支援「轉帳」和「儲值」，在台灣而且必須擁有「電子支付牌照」。截至 2019 年 12 月底止，台灣有 5 家專營電支業者，包括街口、歐付寶、橘子支付、國際連、簡單行動支付和 23 家兼營業者，包括銀行、中華郵政及電子票證發行機構，電子支付總使用者人數達到 692 萬人，較 2018 年增加 262 萬人，年成長達 60.93%。

另外，台灣第三方支付公司採取登記制，是由經濟部管轄，包含網路家庭的支付連以及 LinePay 等，皆屬於第三方支付服務。但是也可以向金管會提報「電子支付牌照」申請，即可進行「金流處理」業務，包含帳戶資金移轉（轉帳）及儲值兩大功能。

我們發現行動支付在不同發展程度的國家解決不同的問題，發展出來的模式也不盡相同。最有名的四個案例分別為 PayPal、Apple Pay、支付寶與 M-Pesa，PayPal 與支付寶是由第三方支付發展為行動支付，Apple Pay 則是信用卡為主導再發展出電子錢包，M-Pesa 則是一開始就是電子錢包。PayPal、Apple Pay 都是在美國發源的服務，支付寶與 M-Pesa 則是發展中國家的產物，它們解決的痛點不同，商業模式也略有不同。

表 4-1　行動支付類型與應用方式

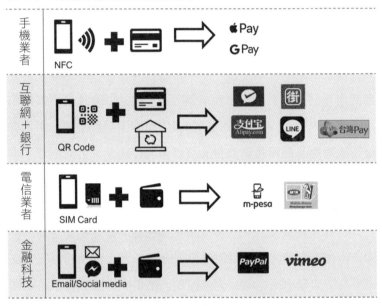

　　行動支付和信用卡是現金的替代品，行動支付如果不涉及商業模式的制度創新，只是支付體系的多樣選擇，不能創造一個新市場來大幅解決或改善一個既有的（制度）問題，而只是改變支付的方式，行動支付商業模式對經濟和 GDP 可能並沒有幫助。商業模式的制度創新指的是創造一個市場、解決一個或多個問題，所以，行動支付的經濟問題，不在於其支付體系的角色，而在於其商業模式的制度創新程度。PayPal 或 Apple Pay 在美國是一個支付體系選擇，不涉及商業模式的制度創新，因此其角色對美國經濟成長的幫助較小；但是 PayPal

對歐盟內的中小企業，以及 M-Pesa 的採用，對肯亞經濟的幫助，都意味著行動支付不只是一個支付工具的經濟意義。

我們先釐清兩個名詞：

第一、支付體系歸支付體系，行動支付和實體支付，各有各的支付體系，也就是運作結算模式。

第二、商業模式指的是市場。也就是說，一個商業模式的制度創新，涉及創造一個市場，解決一個問題。行動支付會帶動經濟成長嗎？我們從下面四個案例來探討。

4.1 支付寶的商業模式

4.1.1 支付寶的發展

2003 年淘寶網首次推出支付寶的服務，支付寶在 2004 年 12 月正式登記成立於上海，是中國大陸最早推出的非金融機構支付服務，隸屬於母公司螞蟻金服集團底下，是阿里巴巴集團的關聯公司。2015 年截至 2018 年 3 月底止，支付寶（Ali-Pay）官方公布其用戶量達到 8.7 億，較 2017 年英國市場調查機構 Merchant Machine 統計的數量高出一倍。用戶量排名已躍居成為全球第一的行動支付服務機構，企業規模是全球行動支付服務機構中第二大。根據 2017 年第四季的統計數字顯示，支付寶在中國大陸第三方支付市場的市占率為 54.26%，而且

仍呈現持續增長的趨勢[3]，其重要性可謂不容忽視。中國大陸的金融排斥現象主要包括金融近用性和使用性以及從金融供給的地理排斥、金融需求的社會經濟排斥以及社會環境因素排斥，城鄉的金融空白隱藏著行動支付商機。

　　支付寶起源於第三方支付，它提供貨到付款後的價金保留服務，讓阿里巴巴商城維持一定的服務品質，同時透過商家與賣家互相評分機制，導入市場約束機制，只有評分好的才會受到歡迎，價金保留也提供消費者一定的保障。2008 年推出手機支付，並且發展支付寶錢包功能，2014 年支付寶獨立成為一個品牌。2019 財年，螞蟻金服支付給阿里巴巴集團的特許服務費和軟體技術服務費為 5.17 億元，支付寶及其合作夥伴服務的全球用戶超過 10 億。

　　支付寶的盈利模式主要和支付寶的產品息息相關，主要的支付寶產品有以下幾個：

3　檢自 https://zh.m.wikipedia.org/zh-tw/支付寶（20200128）

支付寶功能介紹	
行動條碼支付	QR Code 快速掃碼，適用於一般商店。
聲波支付	只需打開聲波支付功能，利用手機喇叭對準感應區，即可完成訂單支付，適用於自動販賣機或朋友聚餐。
餘額寶	餘額寶有利息收入，且年利率高於銀行存款，同時能夠隨意用於日常的購物、還信用卡等支付。在用於支付時，餘額寶的優勢在於額度較大、支付成功率非常高。
快捷支付	連結金融卡，憑藉支付密碼和手機驗證碼即可完成付款。
花唄支付	支付寶的一個網路信用卡的功能。花唄可以在淘寶、天貓上購物等。你本月使用花唄付款後，在確認收貨後的下個月 10 日還款即可，期間是不會產生利息的。
借唄	螞蟻微貸旗下的消費信貸產品。芝麻分 600 分以上的用戶，可以申請 1,000 元-50,000 元不等的貸款額度。目前「借唄」的還款最長期限為 12 個月，貸款日利率是 0.045%，隨借隨還。用戶申請到的額度可以轉到支付寶餘額，和從銀行獲得的貸款一樣。
發唄	向員工、用工人員發薪資、福利、獎金、報銷款等金額事項，免收手續費。無須手續費，資金即發即到；無須逐個轉帳，支持自定義分組，一鍵分發；可選薪資、福利、報銷等多種名目。

4.1.2 支付寶如何賺錢

支付寶對於消費者大部分服務都是免費的，比如手機轉帳到支付寶帳戶、紅包支付、網路購物支付、掃碼支付、水電瓦斯費繳費、交通罰款繳納等。但是對於商家就會收取平台費用，同時也有其它理財產品的上架費用，為支付寶創造大量營收。

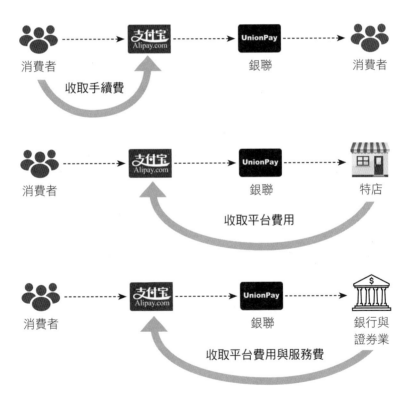

1. 轉帳收費

目前除了電腦轉帳到支付寶帳戶收費外，其它收費專案也僅限於將資金轉到「金融卡」的 3 類交易：轉帳到金融卡、提現到金融卡、信用卡還款。

場景	服務	發起端	收費標準 （金額均以人民幣計算）
轉帳	轉帳到支付寶帳戶	電腦端	費率均為 0.1%，最低 0.5 元，10 元封頂
		支付寶 App	免費
	轉帳到金融卡	電腦端、支付寶 App	同一身分證下的所有支付寶實名帳戶終身共用 2 萬元免費額度；超出的金額，費率均為 0.1%，最低 0.1 元
提現	提現到金融卡	電腦端、支付寶 App	同一身分證下的所有支付寶實名帳戶終身共用 2 萬元免費額度；超出的金額，費率均為 0.1%，最低 0.1 元
信用卡還款	信用卡還款	電腦端	費率均為 0.1%，最低 0.1 元
		支付寶 App	支付寶實名個人用戶每人每月有 2,000 元免費還款額度；超出的金額，費率均為 0.1%，最低 0.1 元。

資料來源：支付寶（2020 年）

2. 商家收費

　　為商戶或企業提供收付款服務、POS 機、款項查詢、轉移支付、退款等交易的服務收費。例如：在 2000 年起步時，商戶與第三方機構除年費外的分成比大致在 1%-2%，在淘寶大戰 eBay 後，第三方機構不僅免年費，分成比也降低到 1% 之下。從 2004 年成立到 2009 年，支付寶的支付服務免費，從 2009 年開始，支付寶向商戶收取網路交易的支付服務費。支付寶的收費模式有兩種，支付寶的網路交易支付收費標準分為單筆階梯和包量費率。

收費模式	交易額	資費	收費模式	預付費	包含流量	折合費率
單筆階梯	0-6 萬	1.2%	包量費率	600 元	6 萬元	1%
	6-50 萬	1%		1,800 元	20 萬元	0.9%
	50-100 萬	0.9%		3,600 元	45 萬元	0.8%
	100-200 萬	0.8%				
	200 萬以上	0.7%				

資料來源：第三方資訊（2020）

　　支付寶分別與各家商業銀行談判如何分配它向商戶收取的支付服務費。大型銀行的議價能力較強，信用卡支付能夠向支付寶按交易金額的 0.5% 收取手續費，小型銀行的費率可能低至 0.3%。對於由銀聯轉接的交易，還需向銀聯支付與線下轉

接相當的服務費。支付寶向商戶收取的支付服務收費並不比線下金融卡支付優惠，例如百貨批發類企業的線下刷卡手續費為 0.78%，線上支付服務費最低也要達到 0.7%。

3. 理財相關的業務的服務費

餘額寶透過淘寶銷售 1 億以下的基金，向基金公司收取 20 萬元服務費；銷售量為 1 億到 3 億，收取 50 萬元服務費；銷售量為 3 億到 5 億，收取 90 萬元服務費；銷售量達到 5～10 億，收取 150 萬元服務費；銷售規模為 10～20 億，收取 250 萬元服務費；超過 20 億，則最高收 400 萬元服務費。

4. 代繳服務費

此類業務是支付寶對其它第三方合作商戶收取的部分服務費用，如支付寶增值業務中的繳納水電費、醫院掛號、校園一卡通等功能，第三方商戶向支付寶繳納代理服務費，用戶便可以透過支付寶完成整個繳費流程。

在商業模式採用上，支付寶不只收取傳統金融機構的手續費，同時將理財服務碎片化，用微型支付的模式打破過去金融理財服務的型式，也同時收取平台費與服務費，打造自己的市場。

4.1.3 解決一個問題，創造一個市場

支付寶原始創立的功能與 PayPal 有幾分類似，最初是

為了解決 2003 年 4 月阿里巴巴集團旗下創立的網路購物網站「淘寶網」的交易安全所設的一個功能。一開始在有中國 Amazon 之稱的淘寶網，其交易收付大部分都是透過線上信用卡刷卡（一般信用卡、PayPal），或透過金融機構的金融卡網路銀行採取銀行間轉帳的方式，但用戶上當受騙的風險頗高。因此，當時淘寶網的 CEO 孫彤宇認為，要解決這個問題就需要先在買家和賣家之間建立互相信任的關係，保障交易的真實性和款項支付的安全性，因為只有保障用戶的資金安全，才能讓業務得到進一步的發展。所以他們針對相關的網路安全支付開始蒐集資料，最後在嘗試仿效 PayPal 及騰訊虛擬 Q 幣都不可行的情況下，設計出了類似 PayPal 的「第三方支付」功能：支付寶，由淘寶網這個第三方業者在買賣家之間居中進行確認物流再放行金流的收付款動作，讓用戶能更方便快速地獲得帳務資料，進行個人化帳務管理，也提供交易擔保，可以有效降低消費糾紛和網路商品買賣詐騙的問題，也減少了個人資料外洩的風險。

價金保管的具體運作模式是在買家於網路購物平台下單之後，將須支付的款項轉入銀行代管的第三方帳戶（就是淘寶網的銀行公帳戶），淘寶網收到付款資訊後通知賣家發貨，在買家收到貨物並確認貨品相符、數量正確時，淘寶才把錢轉付給賣家。

因為同時解決買家與賣家對於線上購物供需的問題，成功

創造了一個市場。淘寶網 70% 以上的商品，均由用戶使用擔保交易的方式。2008 年 2 月 27 日，支付寶發表行動電子商務戰略，推出手機支付業務。2011 年 5 月支付寶獲得中國大陸央行頒發的第三方支付牌照，准許其經營網路支付、行動電話支付、預付卡發行與受理（僅限於線上實名支付帳戶儲值）及銀行簽帳卡帳單收單繳費。支付寶先後推出了條碼收銀、條碼支付、搖搖支付、QR Code 掃描支付、悅享拍、聲波支付等多種特色行動應用服務。

2013 年 6 月，帳戶餘額增值服務「餘額寶」問世，透過支付寶，用戶可以申購和贖回特定貨幣市場基金，來獲取高於普通活期儲蓄存款利率的收益，同時又能滿足即時的消費支付和快速的資金移轉，投資門檻只需要 1 塊錢，遠遠低於許多銀行理財商品起存金額 50,000 元或一般貨幣基金需 1,000 元人民幣的投資門檻[4]。這一個服務推出後迅速受到用戶的喜愛，被稱為是草根理財神器。2014 年支付寶推出可以綁定多張信用卡，進行個人帳單管理，同時可以管理各種會員卡、優惠點數券、門票、車票、禮券購物券等，相當於實現全方位金融管家的目標，完成以用戶帳戶為中心的行動金融應用[5]。

到了現在，支付寶在網路上的第三方支付功能，其支付服

4 曹磊，錢海利（2015），互聯網+普惠金融：新金融時代，北京市：機械工業出版社。

5 何珊，陳光磊，諶澤昊（2016），透視互聯網金融，杭州市：浙江大學出版社。

務的原始價值愈來愈不明顯，更重要的是簡單易用的介面和另外附加的服務模式。支付寶在交易功能方面，提供了填補中國大陸在銀行與消費者和小型商戶間未被滿足的需求，某些部分甚至取代超越了銀行的地位。餘額寶拉高個人投資收益，支付寶裡的沉澱資金能和銀行進行優惠利率的議價。

支付寶也面臨了法令規範對行動支付消費額度限縮的規定。2017 年年底中國大陸人民銀行對生活中常見的行動支付掃碼消費方式，設定了支付額度，限額為每人每天最多人民幣 500 元。免辦理工商註冊登記、無營業執照的實體特約商戶，支付收款金額每天不超過人民幣 1,000 元，每月不超過 1 萬元。而且也對支付帳戶每年和每日的累積額度做了限額。其中規定透過支付帳戶餘額完成的支付額度，每年最多不超過人民幣 20 萬元。

支付寶在中國有 5 億以上用戶，阿里巴巴集團利用大數據，是少數和中國政府一樣有能力對數億用戶進行信用評分、行為分級的組織。在支付寶占據市場優勢的情況下，國家和銀行體系也一直有所行動。從快捷支付每日限額 500 元，到網銀轉帳每日 2 萬元的限額、再到存款上限的下調，自 2018 年 6 月 30 日起，非銀行支付機構網路支付清算平台（簡稱網聯）將向收單機構（第三方網路支付平台）提供接入和跨行資金清算等服務，正式終結了支付寶的第三方支付。透過網聯、銀聯達成支付清算業務的合作，也就是將所有的網路支付交易及所

有的交易明細，收編在央行的監控範圍之內，一旦政府掌握了清算交易明細資料，也就掌握了金流和數據。發展至此，這無疑是將行動支付相關產業發展的資料，包含資訊流和防堵詐騙的資安及金融監管的國安問題在政府內部透明化，由政府做最後的監管，應可說行動支付的發展其屬於先放後收的控管方式。此舉後續是否會讓行動支付在中國大陸的發展趨緩，將有待繼續觀察。

1998：由 Max LevchinPeter ThielLuke Nosek 及 Ken Howery 一同成立 Confinity，開發出透過電子郵件轉帳的技術，該產品後來演變為我們熟知的 PayPal。

1999：PayPal 的服務在 1999年第四季推出。

2000：導入「新用戶補貼 10 美元，推薦好友註冊再補貼 10 美元」的策略，成功吸引大量用戶。2000 年 1 月初時約有 1 萬名用戶，1 月底後使用人數就超過了 10 萬人。

2002：被 eBay 併購。

2014：PayPal 則是成長到跟 eBay 本業差不多的營收規模。

2015：PayPal 重新以 PYPL 的代號在美國納斯達克交易所上市。併購行動支付業者 Braintree 及 VenmoBraintree 為 Uber 及 Airbnb 提供行動支付服務，而 Venmo 則是讓使用者間快速轉帳的 App。

4.2 PayPal 的商業模式

4.2.1 PayPal 發展歷程

PayPal 是一家新創公司，用支付顛覆全球的金融體系。它的創辦人彼得・提爾（Peter Thiel）推測應該有一種技術可以替代現金，實現個人對個人的支付。讓國家的普通公民點擊滑鼠就能移轉資金，把手裡的貨幣轉換成一種更穩定的貨幣，並隨著網際網路的普及，讓社會上各個階層的人都可以透過把現金換成某種更穩定的外幣，來保障自己財產的安全，避免因為政府試圖透過財政政策或貨幣政策來穩定或操縱匯率和利率造成的貨幣貶值結果[6]。

PayPal 成立於 1998 年 12 月，當時的創辦人彼得・提爾（Peter Thiel）和馬克思・列夫琴（Max Levchin）一開始是以 FieldLink 作為支付的解決方案，讓 PalmPilot（掌上型電腦）和其它個人數位助理器 Personal Digital Assistant（簡稱 PDA）結合使用。早期主要功能是計算機，在行事曆及行程管理設備上儲存加密資訊。讓數位設備上的加密數據無法被盜用，這就成為了 PayPal 的發想雛形。數據若透過安全嚴密的加密系統傳輸，從理論上來說，攜帶電子錢包就會比攜帶現金更安全也更方便。之後 PayPal 將重心集中在支付業務上，並不斷適應

---

6 （美）埃里克・傑克森（2015），支付戰爭-互聯網金融創世紀，北京市：中信出版集團股份有限公司，P.7、P27。

環境和競爭，以支付系統為本質發展出不同的電子金融商品，拓展了商業上的應用。

PayPal 是公司自有的電子錢包產品，同時也是第三方支付平台。PayPal 同時提供個人服務和商家服務，進行線上支付或收款、用戶間轉帳、跨境匯款等，基本功能和我們熟悉的支付寶類似。PayPal 解決的痛點是讓個人或企業透過電子郵件付款或收款，用戶以自己的電子信箱註冊個人帳戶或商店帳戶即可使用，解決網路交易與小額付款的不便性。PayPal 早於支付寶發展，但是並未著重於互聯網金融產品的發展，而是專注於支付領域。用戶在啟用 PayPal 帳戶後，要從信用卡或銀行帳戶把一定數額的款項轉移到 PayPal 帳戶下，當用戶要向其他用戶付款時，需要提供對方的電子郵件給 PayPal，接著 PayPal 會向對方發出電子郵件，通知有款項要收取。對方接受後，款項就會進入對方的 PayPal 帳戶，並且可以透過支票或是轉到銀行帳戶中提現。PayPal 會員，可以使用以下功能：

- 從自己的銀行帳戶轉入您的 PayPal 帳戶。
- 從信用卡中獲取現金預付款，並將金額存入 PayPal 帳戶。
- 將資金從你自己的 PayPal 帳戶轉帳到另一個會員的 PayPal 帳戶。
- 將資金從你的 PayPal 帳戶轉入支票／銀行帳戶（台灣限

定玉山銀行）。

在 PayPal 系統可以直接提供帳戶間收付交易的國家中，一個人想付款給另一個人，只需要一個 email 地址和一張信用卡，隨時都可以立刻開通一個在線的帳戶，在支付指令發出後，錢就會記入收款人的 PayPal 帳戶，同時對方會收到一封電子郵件通知。之後，收款人能以支票的方式領取這筆錢。他可以向銀行帳戶進行電子轉帳，也可以將帳戶裡的錢支付給其他人。這使得 PayPal 的吸引力從三、四百萬掌上型電腦的擁有者擴展至幾乎所有的網際網路用戶。又因為交易不必一定要透過掌上型電腦，所以可以搭著掌上型電腦的普及持續增長的順風車外，也同時增加了沒有掌上型電腦的消費者客群，讓能連上網際網路的人也都能使用這種服務。

PayPal 最初期的首批推廣方式是透過親友間的電子郵件傳送登入，成功後即可獲得 1 美元獎勵的訊息來獲得用戶。推廣時期，使用引薦制度，只要註冊了帳號並開通信用卡的用戶，能成功推薦其他的用戶完成註冊，就有 10 美元的獎勵。在 1999 年 11、12 月組建基本架構，招兵買馬，找了一群理念相同且性質相近又各有長才的人，建立組織團隊。1999 年 12 月到 2 月開拓拍賣市場，初期面對競爭者 dotBank 和 X.com 的仿效，甚至對手提供的服務功能還短暫地超越了 PayPal。為了斥資 100 萬美元展開的擴張用戶群計畫，PayPal 發現了網路上拍

賣業的翹楚——eBay 的用戶支付有未被滿足的用戶需求，也就是不能使用信用卡購物的狀況，以致於其收付款項因支票或匯票的郵寄交付耗時，造成貨物收取延遲的無效率，這對網際網路服務商家來說是一個耗時耗力的過程，而 PayPal 就可以改善這個過程。借勢 eBay 的使用買賣家數量及 PayPal 自有的推薦獎金制度，讓用戶在幾個月內就快速增加到達十萬。其之後還利用網路機器人寫手聯合慈善機構，提高在 eBay 交易商品或慈善活動透過 PayPal 支付的使用率。

PayPal 以 eBay 的消費者達成雙邊網路效應的病毒式成長，也就是透過應用程式開發者吸引消費者，而消費者同時也吸引應用程式開發者，這也就是正向反饋的雙邊網路效應[7]。

2000 年 3 月 PayPal 與 X.com 合併、國際帳戶開始運行、增加貨幣市場服務，這讓其收入上升（企業帳戶增加交易收入，籌資成本和詐騙損失下降），也能不耗費時間和金錢彼此競爭，一起發展在線支付。PayPal 以其服務不收費、使用慣性強和高系統黏著度，在合併後持續運作著。同時期，2000 年 3 月 eBay 宣布推出自己的支付服務 Billpoint。《支付戰爭》一書的作者埃里克・傑克森（Eric M.Jackson）在書中提及的網路的價值等於用戶數量的平方，也就是說，如果一個網路的用戶量是競爭者的二倍，那麼其價值是競爭者的四倍，也就是梅

---

7 正向反饋的雙邊網路效應：Geoffrey G.Parker, Marshall W. Van Alstyne, Sangeet Paul Choudary（2016），平台經濟模式，台北市：天下雜誌，P45、P46。

卡夫定律（Metcalfe's Law），所以對 PayPal 來說，擴大網路用戶規模是十分重要的事。

　　但畢竟公司營運及拓展用戶在在都需要資金，除了不斷向市場募資或融資外，2000 年 6 月 PayPal 打破自己先前的承諾，以支付限額為手段，開始讓企業商戶賣家現形，而向商家收費。這也是他們開源的方法，也是停止快速燒錢，轉向獲利的開始。節流的方面就是積極防堵詐騙犯罪的行為，減少賠償損失的支出。

　　2000 年 10 月至 2001 年 2 月，因為國際帳戶的運行，讓國際客戶能在網路上付款和收款。透過貨幣市場服務，提供利息，鼓勵用戶將錢存在帳戶中，減少客戶使用信用卡支付，更發行 PayPal 簽帳卡，讓公司能透過因使用 PayPal 的用戶支付而向萬事達卡收取手續費。2001 年 9 月至 2002 年 2 月，PayPal 開始獲利、IPO 上市。2002 年 7 月至 2002 年 10 月，eBay 關閉其自家經營的支付系統 Billpoint，以 15 億美元收購 PayPal。

　　PayPal 歷經更迭，發展至今已經是一個全球支付平台，有 200 多個市場的人們使用，擁有超過 2 億個活躍帳戶，客戶能夠以 100 多種貨幣付款，以 56 種貨幣將資金提取到其銀行帳戶中，並以 25 種貨幣在其 PayPal 帳戶中保留餘額，其交易中約有 25% 的款項是跨境貿易[8]。

8　PayPal 台灣網站，檢自 https://www.paypal.com/tw/home（20200109）

　　PayPal 從 1998 年的一個發想而創立，到 2002 年以 15 億美元出售給拍賣網站的龍頭 eBay，期間經歷了多次與 eBay 在支付市場的攻防戰，市場占有率的彼此消長屢見不鮮。短短四年間靠著創新及正確選擇，進入 eBay 這個小型市場而搶得高市占率，就如《從 0 到 1》書中所說，PayPal 創造了一個突破的科技，而不是微幅改善方法的工程問題，在網際網路（1980）和行動設備（1992）發展成熟，選擇進入市場的正確時機，而且一開始就在 eBay 線上拍賣的小型市場搶得高市占率，知人適用地選擇了適合的團隊，解決了人員的問題，管理這些精英具備開發產品的能力和銷售計畫，堅持 10 年 20 年的市場定位，以及最重要的部分就是「找到別人沒看見的獨特商機」。

　　PayPal 2019 年全年淨新增活躍用戶帳戶為 3,730 萬個；截至年末為止的活躍用戶帳戶總數達到了 3.05 億個，增幅達 14%；在 2019 年中，PayPal 處理的交易量達到了 124 億次，同比增長 25%；PayPal全年的總支付額為 712 億美元，同比增長 23%；過去 12 個月時間裡，PayPal 的平均每個活躍帳戶交易處理量為 40.6 次，同比增長 10%。PayPal 第四季度營運現金流為 12.64 億美元，與上年同期的 11.34 億美元相比增長 11%；自由現金流為 10.90 億美元，與上年同期的 9.10 億美元相比增長 20%。PayPal 2020 年活躍用戶淨增長 7,270 萬戶，活躍用戶達 3.77 億元，成長 24%，全年淨營收為 214.54

億美元，比 2019 年增幅達 21% 超過預期，全年經手交易總額
（GMV）9,360 億美元，同比增長 31%，自由現金流達 50 億
美元。

　　PayPal 在多年的併購策略下，目前旗下的產品包括：
PayPal、PayPal Credit、Venmo、Braintree、Xoom、iZettle 和
Hyperwallet。

1. PayPal Credit

　PayPal Credit 是公司於 2016 年推出的一項消費信貸產
　品，前身是 eBay 的分期付款服務「Bill Me Later」。

2. Venmo

　PayPal 2013 年收購的 Venmo 是一款個人對個人（Person
　to Person, P2P）的行動支付產品，其最大特色在於主打
　「支付＋社交」。Venmo 的支付功能不向個人用戶收取
　發送或接收付款的費用，但它透過 Venmo API 和 Venmo
　Touch 服務產生收入，這些服務使用戶可以透過 Venmo 在
　其它應用程式上付款，但需支付 2.9% 的業務費。客戶享
　受免費付款的好處，而企業以象徵性的費用獲取客戶。
　Venmo 也打造了一個類似「FB」的功能，讓用戶可以在
　Venmo 自帶的社群平台上，分享自己的轉帳記錄，Venmo
　好友看到之後可以按讚和評論。實際上，Venmo 的網站
　甚至明確聲明該服務「旨在為朋友和彼此信任的人之間的

付款而設計」。Venmo 的另一主要收入來源是信用卡交
易收取的 3% 費用。Venmo 的吸引力之一在於它使用了朋
友網路取代原先在 PayPal 上進行的非私人的私人交易。
Venmo 帳戶之間的轉帳是即時性的，且無法撤消；萬一
匯錢給錯誤的人，你可以跟他們要求退款，同時，公司也
會代為處理。

Venmo 的系統設計即是以這種功能為主：當您欠朋友
錢時，Venmo 將代替現金。使用者無法透過 Venmo 向
Netflix 付款，但是可以支付室友 Netflix 帳單的一半。儘
管 Venmo 的能力比 PayPal 有限，但是毫無疑問地，它擴
展了傳統銀行服務且免費。信用卡付款需付給卡公司 3%
的交易手續費，但是 Venmo 付款和用戶餘額中的轉帳不
花任何費用。

3. Braintree

在 2013 年，PayPal 以 8 億美元收購專為商戶付款工具
Braintree。PayPal 以 2,620 萬美元收購全球最受歡迎的點
對點付款平台 Venmo。Braintree 是於 2013 年收購，領先
國際為商家提供支付服務工具。Braintree 的客戶包括許多
全球知名公司，包括 Uber、Stubhub（著名購票網站）和
Yelp 等。

4. Xoom

在 2015 年，PayPal 以約 8.9 億美元收購 Xoom

Corporation。由於 PayPal 能以此進入 7,000 億美元規模的全球匯款市場,因此有關交易相當重要。Xoom 是 PayPal 公司 2015 年收購領先全球的國際匯款公司,其跨境匯款服務覆蓋了全球多個主要國家和地區。

5. iZettle

在 2018 年,PayPal 以 21 億美元收購歐洲和拉丁美洲首屈一指的電商工具企業——iZettle 瑞典行動支付公司。iZettle 主要是為中小商家提供行動設備的支付讀卡機,就是我們日常消費中常見的,商家放在收款櫃檯上用來讀 QR Code 的小機器。

6. Hyperwallet

2018 年以 4 億美元收購的 Hyperwallet。Hyperwallet 主要是為全球的商家提供支付服務,滿足他們的遠程支付需求。

4.2.2 PayPal 如何賺錢？

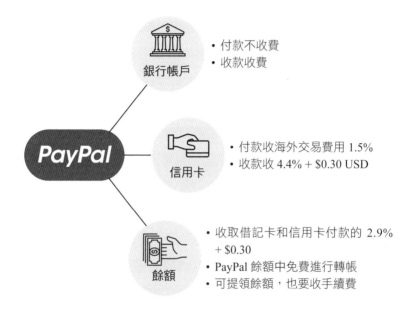

擅用微型支付的商業模式是 PayPal 成功之處，但更成功的是它符合中小企業與微型企業商家的需求，成為跨國交易所依賴的支付方式。高額的手續費是賣家需要承擔的，賣家在 PayPal 賣東西給你，賣家每筆跨國交易手續費最低可達 4.4% + $0.30 USD，買家則不需要，但由於 PayPal 是境外公司，銀行通常會收你1.5% 的海外交易手續費用。PayPal 收取借記卡和信用卡付款的 2.9% + $ 0.30，但可以從 PayPal 餘額中免費進行轉帳。

如今，PayPal 不僅提供支付服務，而且還為大型購買交易提供資金，擴大信貸額度，並為客戶提供借記萬事達卡，後者使用 PayPal 餘額在實體商店中付款或提取現金。

4.2.3 解決一個問題，創造一個市場

從一份 2017 年 PayPal 官方網站有關與政府關係的報告裡有相關的數據研究[9]。PayPal 定義歐洲 28 個國家中從 2015 年到 2017 年使用二年、每年銷售額為美元三萬到美元三百萬的歐洲中小企業來分析其使用 PayPal 支付與傳統支付在出口數字上的增長比較。PayPal 幫助中小企業不侷限在公司座落的地區或礙於語言的隔閡，將其交易拓展至全球，所以能製造更多商業機會和僱用更多勞動力。歐洲的中小企業在歐盟的經濟中也扮演了「中堅」的角色，是推動歐盟成長的引擎，其僱用佔了市場 2/3 的勞動力。報告中指出歐洲 PayPal 的出口商成長率比傳統線下的公司（無法貿易的商品，例如美容業、美髮業等）快。PayPal 的中小企業出口商在 2016 年跨境貿易成長了14.3%，而傳統的歐盟線下公司只成長了 2%，讓可以跨境交易的商品透過行動或電子支付能更蓬勃發展。就國內生產總值（GDP）來討論，有跨境貿易就會增加出口的機會，進而增加勞動的僱傭。

---

9 *Small Business Growth in Europe: Digitization is Enabling EU SMEs to Expand Globally*，檢自 PayPal 網站（20200110）。

4.3　Apple Pay 的商業模式

4.3.1　Apple Pay 發展歷程

2014：Apple Pay 的裝置只有 iPhone 6 和 iPhone 6 Plus。

2015/12：蘋果公司宣布與中國銀聯合作，將在中國大陸推出 Apple Pay。

2016/4：中華民國中央銀行曾向金管會建議阻擋 Apple Pay 入台。

2016/9：蘋果宣布將於日本推出 Apple Pay。

2017/3：Apple Pay 在台灣正式上線，首批合作銀行為中國信託、國泰世華銀行、玉山銀行、渣打銀行、台北富邦銀行、台新銀行和聯邦商業銀行等七間民營銀行。

2018/3：Apple Pay 添加北京市政交通一卡通（互通卡除外）、上海公共運輸卡的功能。

2018/5：Apple Pay 網頁支付（Apple Pay on the Web）適配中國銀聯。首個支援的商戶為中國國際航空行動官網。

2019/3：蘋果發表與高盛合作推出的 MasterCard 萬事達信用卡 Apple Card。該卡片與 iOS「錢包」App 深度融合，可以直接從 iPhone 線上申請用於 Apple Pay 的電子卡片。

在支付寶與 PayPal 的成功之後，科技公司開始進入支付市場，Apple 於 2014 年踏入行動支付，Apple Pay 是蘋果公司

的行動支付和電子錢包服務，整合於 Apple Wallet 應用中，僅能使用蘋果公司推出的 iPhone（iPhone 6 或更新機型）、Apple Watch（iPhone 5 或更新機型配對使用 Apple Pay）和 iPad（iPad Air 2、iPad mini 3、iPad Pro 或更新機型）等行動裝置來進行款項支付。在預裝應用程式與握有設備 NFC 技術的控制權，是 Apple 與競爭對手相比的強大優勢之一，很顯然這的確是讓 Apple Pay 快速普及的重要策略。用戶可以直接在應用程式中一次儲存與使用該多張信用卡和 Debit 卡，這樣的一站式卡片管理，最終可能成為用戶的主要付款方式，讓 Apply Pay 能與 PayPal 等平台直接競爭。

在一開始，Apple Pay 僅限於在美國使用，現在的 Apple Pay 已在多個國家開放。早在 2014 年 10 月 iPhone 首次亮相時，僅占零售總額 19% 的商戶就可以進行 Apple Pay 交易，只有 39% 的 iPhone 可以支持 Apple Pay 錢包，而只有 11% 的消費者擁有這些工具。6 年後（2020 年）Apple Pay 在全球擁有超過 5.07 億用戶，是 iPhone 用戶群最活躍的行動支付。由於兼容 iPhone 和採用非接觸式設備的商家數量的增加，使用 Apple Pay 支付的交易量增長了八倍多，從 2015 年的 880 億美元增加到 2019 年的 7,680 億美元。

4.3.2 Apple Pay 如何賺錢

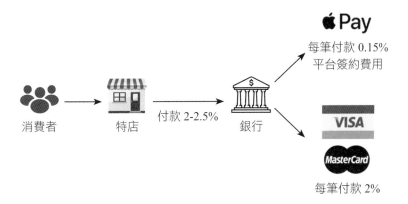

Apple Pay 因為結合的還是金融機構的信用卡，它們會向金融機構收取授權金，一家機構的合作金額都高達千萬，也就是說想要進入 Apple Pay 錢包卡片中，金融機構必須付出相當高的代價，在對特店端，由於 Apple Pay 並不自己管理特店，因此在手續費上，它走的是與傳統金融機構與信用卡合作的模式，在從金融機構的手續費上抽取每筆消費的佣金。

2019 年推出 Apple Card，與高盛銀行合作、信用卡機構與 Mastercard 合作的一個新型態的信用卡產品。購買 Apple 產品、Uber 和 Uber Eats 均可獲得 3% 的現金回饋，持有者將可以用 24 個月無息分期的方式購買 iPhone。當然這背後同樣是綁定在自家 Apple Pay 上所運作的。

4.3.3　解決一個問題，創造一個市場

　　Apple Pay 對於消費者而言，解決的是整合所有卡片於一個載具之上，並且以 NFC 功能取代刷卡，加強客戶的數位體驗，並未創造出新的信用卡市場，包括其推出的 Apple Card 也是，如果 Apple Pay 除了成為信用卡的載具，可以發展出客戶消費時，提醒他哪張卡最適合在這家店消費，或是 Apple Card 本身可以匯集其它卡片的優惠，我想這就會是一個更有價值的行動支付模式。

4.4　M-Pesa 的商業模式

　　在非洲地區，大部分的人口並沒有可及金融服務，舉例來說，2007 年在肯亞，只有百分之 30 的人有銀行帳戶，衣索比亞、烏干達、坦尚尼亞，每一個都國家是 10 萬人 1 個銀行，少於西班牙 100 人就有 1 個銀行服務，即使是享受服務的人，也會因為高額的交易費用感到不便。面對這樣的狀況，非洲國家紛紛採用手機銀行、行動錢包改善金融排斥的問題，其中 Orange 在塞內加爾、象牙海岸提供手機銀行服務，在迦納是 Zain 主導手機銀行業務，奈及利亞則是 Moneybox Africa 引入行動錢包，民主剛果則是由 Celpal 引入服務，南非則是有好幾個電信業者經營，烏干達則是 MTN 嘗試引入行動錢包，肯亞

則是由 Safaricom 使用成功 M-Pesa 引入手機銀行與 POS 機服務。

在肯亞,10 年之內,2017 年金融普及率從 26% 增至 75%,而推動這一趨勢的關鍵因素就是數位創新。2% 的肯亞極端貧困家庭依靠使用行動支付服務,擺脫了貧困。數據顯示,2015 年,M-Pesa 在肯亞的代理商網點平均間距是 1.4公里,遠小於銀行平均距離 9. 2公里[10]。2019 年肯亞金融服務署(FSD Kenya)進行的調查發現,有 41% 的人口擁有銀行帳戶,這意味著使用手機服務推動了獲得金融服務的廣泛增長。在 2006 年首次進行調查時,肯亞人口中只有 14% 擁有銀行帳戶。該數字在 2016 年上升至 34.4%。肯亞通訊管理局的最新數據顯示,截至 2018 年 12 月,肯亞擁有 3,160 萬活躍的行動匯款服務用戶。Safaricom 的 M-Pesa 是市場領導者,擁有 2,557 萬戶,其次是 Airtel,擁有 377 萬用戶。在 2019 年,M-Pesa 的 3,700 萬活躍客戶進行了超過 110 億筆交易,2018 年 12 月平均每秒超過 500 筆交易。

4.4.1　M-Pesa 的發展歷程

2007:成立於 2007 年,以斯瓦希里語為貨幣(pesa)的名字命名,最初是一個微型金融項目。

---

10 行動支付在非洲:僅次於現金的最受歡迎支付方式,台灣非洲經貿協會,檢自 https://www.roc-taiwan.org/ng/post/1513.html(20200123)

2010：已成為發展中國家最成功的基於手機的金融服務。

2012：肯亞已經註冊了大約 1,700 萬個 M-Pesa 帳戶。

2014：M-Pesa 交易總價值為 2.1 萬億肯亞先令，比 2013 年增長了 28%，是該國 GDP 的一半。

2018：Google Play 商店開始透過肯亞的 M-Pesa 服務為應用付款。

2019：Safaricom 推出了 M-Pesa 透支設施 Fuliza。

根據 2018 年世界銀行的統計，有 73% 肯亞人使用行動支付，說 M-Pesa 讓肯亞在行動支付使用率方面領先全世界也不為過。M-Pesa是由電信集團沃達豐旗下在非洲經營的通訊商 Safaricom 與 Vodacom 於 2007 年開始推出，一種可經由手機進行匯款、轉帳、支付等金融方面交易的行動支付服務。M-Pesa是一個虛擬銀行系統，可透過 SIM 卡提供交易服務。將 SIM 卡插入行動設備的卡槽後，用戶就可以進行付款並透過 SMS 消息將其轉帳給供應商和家庭成員。M-Pesa 可以將您的 SIM 卡和電話帳戶重新設置為虛擬貨幣的銀行帳戶，M-Pesa 還允許您支付租金或公用事業費，並向他人匯款。M-Pesa 無須下載應用程式，而可以直接透過您的電話帳戶運行。

M 代表的是電話（mobile），Pesa 一字在肯亞是「錢」的意思。M-Pesa 的起源是 2002 年期間，大英國協電信組織與協助開發中國家培訓發展的組織 Gamos，旗下研究人員發現在烏

干達、波札那、迦納這些國家的民眾會透過把手機的通話時間轉移給他人或將通話時長賣出，來作為一種支付或匯款的交易方式。之後，Gamos 的人員與莫三比克當地電信公司 MCel 接洽，在 2004 年推出了能用授權通話時間來作為信用交換的服務，這就是 M-Pesa 的雛形。

英國國際發展部（DFID）把 Gamos 相關研究人員介紹給英國電信集團沃達豐（Vodacom，由 Voice、Deta、Phone 三字組合而來），成就了一種在手機上使用的匯款系統，讓民眾透過手機的簡訊發送便可完成轉帳。後來由沃達豐集團旗下在肯亞營運的 Safaricom 電信公司買下了由莫伊大學（Moi University）學生們開發出適用於 M-Pesa 的軟體，2007 年 3 月期間 M-Pesa 開始在肯亞被廣泛使用。

M-Pesa 最初被設計為允許透過電話償還小額信貸貸款的系統，從而降低了與處理現金有關的成本，亦有可能降低利率。但是經過試驗地點測試之後，它被擴大為一個通用的轉帳計畫。註冊後，您可以將現金支付給 Safaricom 的 40,000 個代理商之一（通常在銷售通話時間的轉角商店），將現金存入系統，該代理商將這筆錢記入您的 M-Pesa 帳戶。您透過拜訪另一位代理商提取資金，該代理商檢查您是否有足夠的資金，然後從您的帳戶中扣除並移交現金。您還可以使用手機上的通訊錄將錢轉移給其他人。

2008 年選舉後發生族群暴力事件，社會動盪不安，加上

全球金融風暴，連公家的金融單位有的都無法營運甚至倒閉。肯亞當時的動亂不安因為涉及到族群問題，民眾也擔心銀行可能與某一族群掛勾，而不放心將錢存在銀行，這讓基於信任感和擔任信用仲介及維持支付功能角色而存在的金融機構失去了它的基本功能，而使民眾便更廣泛透過他們覺得相對快速又安全的替代方案，以 M-Pesa 將金錢轉移。

之後因為 M-Pesa 支付服務的表現穩健，肯亞財政部最後認可了 M-Pesa。2011 年，肯亞使用 M-Pesa 的人數占肯亞人口數達 40%（1,700 萬多）。到了 2017 年，肯亞國內約 400 億美元的經濟活動金額是經由 M-Pesa 經手，占 GDP 約 48% 左右。因 Vodacom 與 Safaricom 本身皆為電信公司，不是銀行之類的金融機構，所以 M-Pesa 的用戶在儲值或兌現時，需透過代理商或是零售店來提領，因此，間接產生了許多代理商和零售店的設立。M-Pesa 為人們提供一種安全，可靠和負擔得起的方式來收匯款、充值通話時間、繳費、領薪水、獲得短期貸款、慈善捐款與繳稅等等。各種規模的企業都可以從客戶處收款、購買股票並向國內任何偏遠地方的員工支付薪水，每筆交易都提供簡訊通知，相當於銀行對帳單的功能。

M-Pesa 還幫助政府徵收稅款和支付社會保障金，同時使慈善機構和非政府組織能夠立即向數千名受益人匯款[11]。2017

---

11 M-Pesa，檢自 https://www.vodafone.com/what-we-do/services/m-pesa （20200117）

年其境內有約 12 萬間提供將 M-Pesa 帳戶內虛擬金錢額度匯換成實體現鈔服務的代理商，所以村莊裡面可以繳電信費的雜貨店幾乎都是 Safaricom 的代理商，其代理商的性質幾乎與所謂先進國家的 ATM 功能相同，手機的 SIM 卡功能在各區域的滲透率及分布密度較先進國家的 ATM 應有過之而無不及。2018年 12 月平均每秒超過 500 筆交易，交易量及黏著度之高，可見一斑。2018 年 2 月，網際網路公司 Google 旗下的行動支付服務 Google Pay 也開始接受透過 M-Pesa 交易的付款行為。

　　每個 M-Pesa 的據點都有個像一般先進國家的銀行分行代碼一樣，它們也各自都有一個專屬的據點代號，而不同的電話號碼就像不同的銀行帳號一樣，PIN 碼當然就成為了使用帳戶的密碼。每個帳戶最多可存入（儲值）約三萬元台幣，單次最多可存入（儲值）約台幣二萬元。提領現金的時候就到任一個據點，輸入據點編號和提領金額即可。轉帳時，輸入對方的電話號碼及金額後，輸入 PIN 碼即可轉帳，轉帳成功後會收到像先進的 ATM 收據一樣的簡訊，上面載明了對方姓名、手機號碼、轉帳日期和時間、最新餘額以及手續費用。在某種程度來說，M-Pesa 比實體 ATM 更方便、更環保減碳，即使是沒有連網功能的手機，靠著電信訊號就能從事與日常生活密不可分的買賣支付，無庸置疑的是：它的設置及營運成本及交易時的使用成本對肯亞當地的狀況來說，絕對是最經濟有效率的。

　　監管機構允許該計畫在未經正式批准的情況下進行實驗

的初步決定；開展清晰有效的營銷活動（「寄錢回家」）；
一個高效的系統，可以在幕後轉移現金；最有趣的是，該國
在 2008 年初發生了大選後的暴力事件。M-Pesa 曾被用來向當
時內羅畢貧民窟困住的人轉移資金，一些肯亞人認為 M-Pesa
是儲存他們錢財的更安全場所，比那些陷入種族糾紛的銀行
要多。建立了最初的用戶基礎後，M-Pesa 便從網路效應中受
益：使用它的人愈多，其他人簽約的意義就愈大。

此後，為了打擊欺詐行為，Safaricom 強制要求要註冊
M-Pesa 的 Safaricom SIM 卡用戶必須使用有效的政府 ID（例
如肯亞國民身分證或護照）進行實名註冊。為了進行交易，雙
方都必須交換彼此的電話號碼，因為這些電話號碼充當帳號。
結算後，雙方會收到一條 SMS 通知，其中包含交易對手的全
名以及從用戶帳戶中存入或提取的資金額。在幾秒鐘內收到的
行動收據有助於提高交易中所有個人的透明度。

4.4.2　M-Pesa 如何賺錢？

消費者　　代理人商店　　電信業者代為　　匯入實體　　銀行
　　　　　　　　　　　　管理虛擬帳戶　　帳戶

參考 M-Pesa 的經營模式，可以發現其經營模式相對簡
單，主要透過代理人服務，促進手機銀行的平台交易，並將

客戶與銀行的關係簡單化,客戶只要面對 M-Pesa,不用再跟銀行打交道就可以享受銀行服務。大部分的手機銀行都採取 M-Pesa 的經營模式,以國內 P2P 的匯款或是空中轉帳為主要方式。另外就是以泰國 TrueMove 的帳單支付方式作為基礎,增加國內匯款,格萊明銀行與巴基斯坦的 Telenor 也是採取此種模式。

- 最高帳戶餘額為 KSHs.100,000。
- 每日最高交易金額為 140,000 肯亞先令。每筆交易最高金額為 70,000 肯亞先令。
- 您不能在 M-Pesa 代理商出口處提取不少於 KSHs.50。
- 要進行交易,您的 Safaricom 線路和 M-Pesa 帳戶必須處於活動狀態。
- 在代理商商店,您不能直接將錢存入另一個 M-Pesa 客戶的帳戶。
- 在 M-Pesa 上進行交易可賺取 Bonga 積分。
- 要在任何 M-Pesa 代理商出口處進行交易,您將需要出示原始身分證明文件,即身分證或肯亞護照。
- 每天可獲得 3 筆免費交易,金額為 Ksh.1 至 Ksh.100,此後將適用(1-49)和 Kshs.2(50-100)的 Kshs.1。

1. 提高金融可得性

使用 M-Pesa 的方法,是先註冊好一個 M-Pesa 的帳戶,

之後帳戶裡的額度可以自行透過現金購買、或是讓其他擁有 M-Pesa 帳戶的人轉過來。因 Vodacom 與 Safaricom 本身為電信公司,並非如銀行之類的存款機構,所以 M-Pesa 的用戶在將帳戶裡額度匯換成現金時,需透過代理商或是零售店來提領。

在 2019 年 1 月期間 Safaricom 另推出名為「Fuliza」,可在 M-Pesa 上進行透支的工具。部分非營利組織的志工也將 M-Pesa 作為讓偏僻地區人民取得資金的方法,例如要將資助款項轉移至該地區時,便可利用 M-Pesa 來快速達到目的。在坦尚尼亞裡的一些醫院也以 M-Pesa 作為媒介,將補貼的交通費用匯給收入較低、從較遠地區前來醫院看診的病患。M-Pesa 與肯亞當地銀行合作的一些企業公司,另在 M-Pesa 上提供計息帳戶、貸款、保險等額外服務。使用者介面上的服務選單有設計成透過 SIM 卡工具包來使用,或是以快速碼、行動應用程式方法取得。

2.降低交易成本

以肯亞為例,每次服務的總成本是 0.46 美元,平均來說,肯亞銀行交易成本在 1 到 3 美元之間,M-Pesa 的交易成本大約在 0.12-0.15 美元,M-Pesa 交易費用大約在商業銀行的 0.17%。

以 2010 年現金轉帳為例,每筆轉帳的金額大約只有 33 美

元。轉帳金額雖低,但是卻給人們帶來特殊的回報與工作機會。

3. 降低資訊不對稱

使用代理人系統可以降低金融機構對於當地資訊不了解的狀況,甚至可以透過在地服務提供小農貸款與保險的需求。窮人可以使用行動錢包為他的生意購買保險,開始為使用手機銀行與太陽能的農夫提供微型保險,農夫必須支付每袋種子的百分之 5 以確保穀物可以抵抗洪水或是其它氣候天災,地方的代理人會掃描每袋種子的編碼並拍照存證,將照片傳輸到 UAP 保險公司,農夫會收到確認的簡訊。假如客戶因為天氣損害穀物,UAP 保險專家會檢查當地的天氣指數,以及對穀物的影響。在確認受災之後,透過 M-Pesa 的服務直接撥給客戶。

4.4.3 解決一個問題,創造一個市場

然而並非所有的非洲國家都能快速普遍地接受或使用 M-Pesa,在南非雖然有 1,300 萬人未擁有銀行帳戶,但 M-Pesa 在當地推廣及發展仍然相當緩慢。南非的每人年 GDP 為 6,000 多美元,金融卡滲透率達到 77%,以非洲來說是金融業務相對發達的國家。這讓一開始以無銀行帳戶或無金融卡用戶為目標客群所推廣的 M-Pesa 遇到了前所未有的困難,這和其原有的推廣經驗完全不同,所以在南非,M-Pesa 目前並不是主

流的支付方式，Vodacom 分析肯亞與南非兩地的使用情況落差，發現到南非有相對較嚴格的銀行法規，所以影響了民眾對 M-Pesa 的接收度，甚至有分析師認為「肯亞的創新，只能解決肯亞的問題」。

本文就獨特的 M-Pesa 肯亞成功模式及條件，分成下列幾項討論：

1. 相對不健全的金融體系：在非洲因為都市化的程度很低，銀行離住家很遠，在一項 2015 年統計資料指出，M-Pesa 在肯亞的代理商網點平均間距是 1.4 公里，遠小於銀行網點 9.2 公里的平均間距。而沒有足夠資產或地處偏遠的客戶很難取得銀行帳戶，客戶對銀行的服務體驗亦不佳，對以建立在信任感和安全感為基礎的金融業來說，民眾對其信賴度普遍不足。在現實生活中將現金委託他人或以客運貨運代為運送轉交，常常有款項不翼而飛的現象發生，造成實體貨幣的存提交付或轉帳的交易成本極高，M-Pesa 在十年內讓金融普及率從 26% 增至 75%。這些因為不健全的金融體系所產生的金融排斥，除了認為自己從正規金融機構申請獲得金融產品或服務的可能性很小，而被拒絕的可能性很大的自我排斥之外，地理排斥也是主因之一。

2. 低帳戶擁有率及高手機普及率：肯亞國內有高達 80% 以上的成人沒有銀行帳戶，但非洲的手機持有滲透率超過

70%。2018 年統計，使用行動支付的人數是擁有銀行帳戶人數的 3 倍，市場潛力可謂相當龐大。

3. 發展初期政府沒有制定明確限制的法規規範：該國與 M-Pesa 業務有關的央行跟交通部從一開始就跟電信公司開宗明義地表示，因為政府對於這個全新的產品跟產業先前完全沒有管理的經驗，所以沒有特定的法條來作為規範以及依據，但因為政府相信行動支付可以提供一個最基本的金融服務，進而幫助肯亞人民提升生活品質，但政府仍把人民的利益放在最前面，所以會與電信公司一起確保這個產品的推出，讓每一步都走得很穩當。雖然一開始像是從旁協助及監督的角色，然而肯亞政府也在 2011 及 2012 年行動支付發展相對成熟時，陸續開始著手準備法條跟法源，有些部分甚至已經開始送立法機構審查，以確保之後大量交易的正當和安全性。但政府的心態不會只從風險的角度著手，因為如果把法條定得過於嚴苛，很容易會扼殺一個新的機會以及創意。

4. Safaricom 在當地有進乎獨占的電信支付市場：行動支付在先進國家並不稀奇，手持智慧型手機就可以方便進行各類交易。Safaricom 在肯亞行動支付的市占率達 71%，全國有 2/3 的人在使用，其所開發的行動支付系統，符合了肯亞相對落後的基礎建設狀況，只需透過電信訊號發送，使用最低階的按鍵手機操作，就能讓消費者以低成本進入

行動支付的交易市場，讓進入門檻較一般網際網路加智慧型手機的現代化行動支付低。目前由母公司 Vodafone 持股 40%，肯亞政府持股 35%，電信公司每年可收取約 2.5 億美元的手續費收入，可謂先一步進入市場，以老手機翻新新科技，搶占了原本檯面下灰色經濟的藍海。大企業具有既有的市占率、價值鏈、和其它企業已建立維持的聯盟與夥伴關係、可調度的人才庫以及忠誠的顧客群，讓 Safaricom 可以利用在位者優勢[12] 擊敗競爭者的挑戰。

在肯亞，主要的出口產品是茶葉和園藝品，半數以上的人一天的生活費不到二美元，透過 M-Pesa 可以衍生其它的新商品，新創科技公司以其為跳板，成立科技園區。電力公司和其合作，讓肯亞居民能分期付款購買太陽能板，由燃燒煤油的照明改為燈泡照明，提升教育和生活品質。民生用水也方便許多，使用 M-Pesa 支付打水的幫浦費用，讓用水更衛生方便。行動支付改變了東非地區人們花錢、轉帳、借錢的方式，2% 的肯亞極端貧困家庭依靠使用行動支付服務，擺脫了貧困。使用行動支付意味著人們每月可支配收入增加 5% 到 35%，愈偏遠的地區，收入增長就愈明顯，因為人們不用跑到城裡，他們可以將在銀行排隊的時間用在生產上。

在肯亞的社會裡，男女極度不平等，傳統價值觀下的婦女

---

12 Geoffrey G.Parker, Marshall W. Van Alstyne, and Sangeet Paul Choudary（2016）平台經濟模式，台北市：天下雜誌，pp123-124。

在教育、就業及財產的持有率都很低，使得婦女的經濟地位無法受到保障。因 M-Pesa 此類行動支付的使用，可以幫助肯亞家庭節省更多的錢，更增加肯亞的每人平均消費水準，並幫助 2% 的肯亞家庭脫離極端貧窮，而其中女屋主的家庭消費增長率高於男屋主的增長率。一般貧困家庭數減少了 8.6%，女屋主家庭極端貧窮的比率減少了 9.2%。這主要是因為行動支付促使更多婦女離開蒐集柴火、挑水及自給自足的農業，開始從事商業活動，除了能夠幫助家庭增加財富，也增加婦女在家中的經濟地位，使其更容易掌握家中的財務，甚至能將家計收入來源改為販售農產品，並能將盈餘或貸款而來的資金添購相關用具[13]。

創新實驗室

1. 一樣是行動支付？在不同國家為何呈現不同樣貌？

2. PayPal 在美國與在歐洲，扮演角色有何差異？為何在歐洲會帶來經濟成長？在其它國家則無？

3. 台灣的行動支付對於市場是提供支付體系？或是創造一個商業模式？

---

13 M-Pesa 肯亞的行動支付領先台灣，並賦權女性經濟（https://womany.net/articles/14047/amp , 2020/01/26）

05

開放銀行帶來的契機

　　各國開放銀行政策與創新之處[1]，並藉由各國的經驗探討台灣目前引進開放銀行政策的優缺點。接著，將以數位經濟、平台經濟與 API 經濟中的成功因素，分析開放銀行中銀行即平台（Bank as a platform）的商業模式，銀行除了直接提供服務給客戶，透過開放 API 介面（Application Programming Interface, API），也提供服務給第三方服務業者，銀行即平台描述了銀行採用平台策略模型和改變競爭規則的前提。銀行將需要重新審視其作為金融仲介的角色，為平台的參與者提供有價值的新產品和服務來成為重新仲介。綜合上述，可以得出成功數位經濟的商業模式，主要圍繞於四個影響因素，包括交易成本、資訊不對稱、網路效應與平台開放程度。好的數位平台會降低企業與消費者的交易成本，同時降低消費者的資訊不對稱，吸引消費者使用數位平台，擴大該平台的網路效應。

　　API 已從系統應用開發的溝通介面或資料交換格式，成為可獲利的商品。在雲端運算、社群網路、行動應用等新興科技持續成熟下，新商業模式陸續出現，包括「API 經濟」的

1　本文摘錄自薛丹琦論文。薛丹琦（2019），開放銀行金融創新之機制研究，世新大學財務金融研究所。

開放 API 模式。事實上，自 2000 年起，美國新創電子商務、網路相關業者即相繼以開放 API 方式增加營收，如 eBay、Amazon、Google、Facebook、Twitter、阿里巴巴、騰訊、百度，以及 Salesforce 等，亦採取相同開放策略，擴大至電信、金融等企業[2]，MCK[3] 認為企業開發的 API 的類型可分為三類（如圖 5-1）：

　　私有 API（Private API）：私有 API 是一種介面，用於打開組織後端數據和應用程式功能的一部分，供在該組織內部（或承包商）工作的開發人員使用。私有 API 僅向內部開發人員公開，因此 API 發布者可以完全控制應用程式的開發內容和方式。私有 API 在內部協作方面提供了實質性的好處。在整個組織中使用私有 API 可以更好地共用內部數據模型。

　　合作夥伴 API（Partner API）：合作夥伴 API 是開放和私有介面模型的混合形式，通常應用在 B2B 的商業用途上。產品經理與 API 工程師需直接接取客戶 API 的開發人員，這會簡化設計和實現 API 的過程，但必須注意的是，合作夥伴 API 帶來的挑戰是，儘管產品經理與 API 工程師可以接取客戶公司的開發人員，但他們對這些開發人員缺乏直接影響或權威。

2　周維忠（2015 年 9 月 8 日）。API 經濟發展方興未艾。資策會產研所。取自 https://www.iii.org.tw/Focus/FocusDtl.aspx?f_type=1&f_sqno=1Hfi36hfD%2Fk22fm5fqmuag__&fm_sqno=12

3　McKinsey.（2017）. *Data sharing and open banking.* https://www.mckinsey.it/sites/default/files/data-sharing-and-open-banking.pdf

開放 API（Open API）：開放 API 是一種介面，旨在讓更多的 Web 和行動開發人員可以輕鬆接取。這意味著開放 API 可以由發布 API 的組織內的開發人員使用，也可以由組織外的任何希望註冊接取介面的開發人員使用。一個開放的 API 發布者通常會尋求利用不斷增長的自由代理應用開發者社區。這將使組織能夠刺激創新應用的開發，為其核心業務增加價值，而無須直接投資於開發工作，同時增加新想法的產生並降低開發成本[4]。

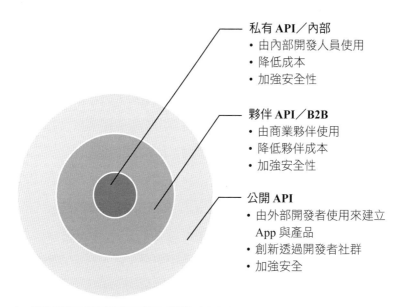

私有 **API**／內部
- 由內部開發人員使用
- 降低成本
- 加強安全性

夥伴 **API**／**B2B**
- 由商業夥伴使用
- 降低夥伴成本
- 加強安全性

公開 **API**
- 由外部開發者使用來建立 App 與產品
- 創新透過開發者社群
- 加強安全

圖 5-1　三種 API 模式（Mckinsey, 2018）

4　API Academy.（2015, April 9）. API Strategy 201: Private APIs vs. Open APIs. https://apiacademy.co/2015/04/api-strategy-201-private-apis-vs-open-apis/

5.1　開放銀行的各國政策發展

2018 年被視為銀行業開放應用程式介面（API）的元年，歐美各國已展開開放 API 工作。開放式銀行的政策來自於 2015 年歐盟第二號支付服務指令（The Second Payment Services Directive, PSD2）與英國競爭和市場管理局（Competition and Markets Authority, CMA）的要求，英國競爭和市場委員會認為 Open Banking 的關鍵在於讓個人與小企業及其它第三方服務業者服務商，能和銀行安全地共用數據。這種共用數據的好處是：個人可以透過簡單的統一介面管理所有的金融帳戶，從而更加便捷地根據個人需求選擇合適的金融產品，也更加有效地管理資產。根據 IDC 預估，至少到 2018 年底，全球百分之五十的銀行至少開放 5 項 API，包括財務訊息、信貸訊息、忠誠與獎勵相關訊息、查詢類服務、交易通知訊息、位置相關訊息、產品使用條款[5]。

目前較為理想的是英國模式與新加坡模式。英國是以「API 管理中心模式」（Open Banking API Platform Model），主要是指政府設立或委託公信力之機構，負責制定 API 標準與資料交換格式，並設計開放銀行治理架構，用來釐清及管理參與者的權利義務關係、頒布 API 上架的流程與規範、確保資訊

5　張庭瑜（2017 年 10 月 31 日）。打造金融生態系關鍵。IDC：銀行開放 API 與第三方合作。商業周刊。取自 https://www.bnext.com.tw/article/46805/idc-bank-open-api

表 5-1 新加坡─香港開放銀行監理方式比較

	新加坡	香港
發展背景	為強化新加坡金融創新之地	開放銀行作為智慧銀行的七大項目之一,故為協助銀行業符合國際發展並確保競爭力
監理方式	市場自由發展	市場自由發展
政策生效時間	2016 年沒有強度	2018 年 7 月,香港金融管理局發表了 Open API 框架,列出了部署 Open API 的流程和時間表。2019 年 1 月施行
主管機關	新加坡金融管理局(MAS)與銀行協會(ABS)	香港金融管理局(HKMA)
Open Banking 平台	無,只有名冊網站	無,只有名冊網站
第三方服務業者服務商之管理	由銀行透過合作模式,依合約規範之。於金融管理局之網站展示開放 API。第三方服務業者服務商應遵循個人數據保護法之規範	由銀行透過合作模式依合約約定,銀行將保留對客戶關係和數據的控制權,並可選擇與哪些 TPP 協作。TPP 監管和註冊尚無規定
開放業務之範圍	存款、貸款、信用卡及外匯等	零售金融為主(存款、貸款、信用卡、外匯)

資料來源:薛丹琦(2019)

安全的管理機制，以及處理參與者的爭議。

香港及新加坡為代表的是「開放 API 框架模式」（Open API Framework Model），政府鼓勵開放銀行程式介面的發展，但不以法規強制業者開放，而是採取「鼓勵業者自主開放」、「頒布時間表」、「篩選出候選應用程式介面」、「建置 Open API 網站或程式介面註冊庫」，以及「提出 TSP 治理流程建議」等作法[6]。除了這些作法外，政府更引進其它措施讓銀行業者願意自建銀行 API 平台，如香港有引進八家純網銀，並不限制競爭，新加坡則是結合 SingPass，改變民眾使用金融服務的習慣，雙管齊下以見成效。

澳洲則是「標準制定機構模式」（Data Standards Body Model），指的是制定一套開放銀行的 API 標準提供參與成員遵守，各參與成員施行開放銀行業務服務時須依循該標準，政府機關不另行成立專門的平台或管理中心供參與成員上架 API。澳洲另外優於其它國家的地方在於真的落實消費者資料權，以法律依據保護消費者。2020 年 7 月 1 日澳洲推出消費者數據權（CRM），但是目前開放銀行並未為消費者帶來可觀的收益，主要目為繁瑣的手續費與數據接收者的高昂費用。而目前 ACCC 僅授予六個數據接收者認證：Ezidox、Frolb、Intuit、澳大利亞地區銀行。2020 年 7 月信用卡、借記卡、存

---

6 陳恭（2019），〈開放銀行時代的利器：開放 API〉，金融科技研究中心。

款帳戶和交易帳戶開始可使用。2020 年 11 月抵押與個人貸款開始生效，四大銀行以外的銀行必須在 2021 年 7 月 1 日之前公開銀行數據，預計 2022 年 11 月 1 日全面開放。

2014 年 6 月，英國政府委託開放資料研究院（Open Data Institute, ODI）進行 API 與開放資料的關聯與影響研究，得到對銀行資料開放將有利於增進銀行業競爭與消費者利益；在 2015 年 9 月，英國財政部（UK HM Treasury）於 2015 年預算報告指出，為強化零售銀行業務（retail banking）之競爭力，英國財政部成立開放銀行工作小組（OBWG, Open Banking Working Group），推動訂定開放 API 應用程式介面之標準，並促進零售銀行的資料共享，所謂開放銀行（Open Banking），2016 年競爭和市場管理局（CMA）發表了各種臨時建議，隨後授權九家主要的英國銀行成立實施實體，以建立支持英國開放式銀行業務的共同技術標準，在 2018 年起由包括滙豐銀行等九家金融機構率先開展實施[7]。

2021 年有 300 家金融科技和創新提供商加入，250 萬消費者使用開放銀行產品管理財務，獲取信貸和支付。APZ 的使用量從 2018 年 6,680 萬增加到 2020 年的 60 億。2020 年 6 月 OBZE 推 OPEN Banking App store，幫助個人和公司為他們找到合適的，具有開放銀行功能銷售產品。

---

[7] 李震華（2019 年 5 月 23 日）。開放銀行究竟是目的，還是手段！MIC 取自 http://www.thinkfintech.tw/Article?q=ART190523001

表 5-2　歐盟—英國—澳洲開放銀行監理方式比較

	歐盟	英國	澳洲
發展背景	PSD2 主要目標是進一步整合並支持更有效的歐盟支付市場，並在新興企業如 Fin Tech 新創公司和新一代支付產品和服務出現的環境中促進競爭。	讓消費者可以輕易地比較不同銀行間的產品及服務並進行帳戶轉換，以增進市場競爭及促進服務創新。	為客戶和企業設立了一個新的競爭環境，澳洲政府宣布將實施開放銀行業務審查的建議。
監理方式	政府（強制開放）	政府（強制開放）	政府（銀行根據客戶的要求與認可方共享客戶數據）
政策生效時間	2015 年通過 PSD2 2018 年 1 月 13 日完成主法	2015 年財政部預算報告發表 2017 年低敏感資料 2018 年個人帳戶數據共用 2019 年企業與 SME 帳戶數據共用	2019 年 7 月 1 日開始分階段實施 2019 年 7 月 1 日之前主要銀行提供信用卡和簽帳金融卡、存款和交易帳戶數據； 2020 年 2 月 1 日之前抵押貸款數據； 2020 年 7 月 1 日之前有關產品的數據；所有剩餘銀行必須在主要銀行時間表的 12 個月內實施開放式銀行業務。

表 5-2 歐盟－英國－澳洲開放銀行監理方式比較（續）

	歐盟	英國	澳洲
主管機關	歐洲銀行監理局（EBA）	競爭市場管理局（CMA）推動執行，金融行為管理局監理第三房服務業者服務商，並由 OBIE 協助管理。	競爭者和消費者委員會（ACCC）將確定將受消費者資料權（CDR）約束的部門，並將訂定有關其使用和所需數據標準的規則。資訊專員將審查隱私影響，而 CSIRO 將成為數據標準制定者。
Open Banking 平台	無，只有 EBA 的管理名冊	有，OBIE 建立中立平台	無，CSIRO 的 Data61 將扮演數據標準機構的角色
第三方服務業者服務商之管理	EBA 要求歐洲經濟區 31 國均須遵守，並在 2018 年 1 月將 PSD2 國內合法化。	由 FCA 核准及監理，並應登入於 OBIE 名冊。	經過認證的數據接收者才能收到開放銀行數據，澳洲競爭與消費者委員會（ACCC）會確定認證的標準和方法。
開放業務之範圍	帳戶資訊	一般參考資訊；特定產品資訊；個人及企業帳戶交易資料，客戶可以授權第三方服務業者向銀行申請。	客戶數據：指由客戶直接向銀行提供的各類數據。交易數據：指由客戶和銀行交易產生的數據。

資料來源：薛丹琦（2019）

　　歐盟在開放銀行的推動，主要源自 2015 年發表的新的支付指令 PSD2，該指令是支付服務的監理框架，主要目標是進一步整合，並支持更有效率的歐盟支付市場，並在新興企業如 FinTech 新創公司和新一代支付產品和服務出現的環境中促進競爭。PSD1 和 PSD2 都規定並擴展了訊息要求、權利和義務，正式將新興的支付服務供應商納入，制定開放帳戶規則，要求銀行必須將使用者帳戶、交易資料開放給客戶授權的協力廠商，以及促進資金轉移的支付服務用戶和提供商，從而提供更高的透明度、安全性、服務品質以及更低的用戶價格，並於 2018 年 1 月 13 日在歐盟各國開始實施。英國的開放式銀行業務和歐盟的 PSD2 都是為提高資訊透明度和讓消費者擁有數據而定的法規，讓第三方服務業者接取銀行數據對於提供更好的客戶體驗，但與 PSD2 相比，英國的開放銀行計畫更加明確地圍繞所需 API 的定義和開發，以及安全和消息傳遞標準[8]。

　　英國開放銀行實施組織（Open Banking Implementation Entity, OBIE）將開放銀行（Open Banking）之參與者分成三大類：第一類是帳戶業者（Account Servicing Payment Service Providers, ASPSPs）；第二類是第三方服務提供者（Third Party Service Provide, TPP）[9]，包括帳戶資訊服務提供者（Account

---

8　EVRY. .（2019）. PSD2 - the directive that will change banking as we know it. Retrieved May 20, 2019. from https://www.evry.com/en/about-evry/media/news/2019/06/psd2-the-directive-that-will-change-banking-as-we-know-it/
9　台灣習慣稱為 TSP 業者。

Information Service Provider, AISP）及支付啟動服務提供者
（Payment Initiation Service Provider, PISP）；及第三類是技術
服務業者（Technical Service Provider），提供第一類與第二類
業者有關開放銀行（Open Banking）的產品或服務技術。截至
2020 年 1 月，英國有 204 家受監管的開放銀行提供商。

　　BNP Paribas 的研究報告《World Payment Report 2018》所
做的 Open Banking 評比，將實施 Open Banking 的國家分為先
驅者、跟隨者、保守者三類，列為先驅者的國家包括英國、荷
蘭、美國、新加坡；列為跟隨者的國家包括澳洲、比利時、法
國、德國、西班牙；列為保守者的國家包括巴西、印度、義
大利、南非及中國，該研究另指出，歐盟雖強推 PSD2，但不
是所有歐盟國家的開放銀行政策都做得很好[10]。雖然香港與台
灣未進入報告中，2018 年香港也加速開放速度，2019 年台灣
則宣布跟進，並且由財金公司建立第三方服務業者中立的開放
API 平台。2020 年台灣在開放銀行政策進度緩慢，並進入 TSP
分級的討論。

　　日本金融廳則是在 2017 年頒布銀行法修法草案，要求日
本金融機構建立與 FinTech 業者的 Open API 機制、合作方針
與串接標準，其中涵蓋支付發起提供商或 PZSP，以及 AZSP
並要求銀行公布 PZSP 與 AZSP 的關係。2018 年日本金融服務

---

10 Capgemini,（2018）. WORLD Payment Report.https://worldpaymentsreport.
　 com/wp-content/uploads/sites/5/2018/10/World-Payments-Report-2018.pdf

局（FSA）成立策略發展與管理局，以金融科技為起點，制定新的金融服務策略。2019 年 9 月底，FSA 已完成對協議的詳細狀況進行評估，11 月底召開緊急會議。並要求 130 間日本銀行在 2020 年前開放 API，但是日本目前進展緩慢。

美國於 2017 年，消費者金融保護局（CFPB）提出消費者可存取、使用及其數據與資訊原則，並由國家自動清算協會組成 API 產業工作小組，訂定帳戶資源共享、支付使用與預防詐騙之 Open API 標準[11]。在競爭管理局（CMA）推動下，開放銀行在美國啟動速度很緩慢，但是美國、加拿大、新加坡開始關注於金融數據交換的（Financial Data Exchange, FDX）的全球通用標準。

5.2　國際開放銀行平台發展及商業模式

銀行即平台（Bank as a platform）的開放銀行 API 平台商業模式分析，主要有三種類型的平台供應商，目前國際間金融業 API 的開放程度，分為完全開放 API 平台（Open Source API Platform）、銀行 API 平台（Banking API Platform）、挑戰者銀行平台（Challenger Bank API Platform）與大部分的既有業者（Eisenmann, 2008），以供應方用戶與需求方用戶作為分析，因為銀行本身具有自己的需求方用戶，加上 API 平台的

---

11 李震華（2020），開放銀行發展趨勢與展望，MIC。

企業客戶，則有供應方用戶以及其需求方用戶。它們開放的層面不同（如下表 5-3）。挑戰者銀行和既有銀行只能開放它們擁有的資源，相對於銀行開放 API 的百分比，而不是絕對的開放性。開放式銀行監理機關的衡量標準是絕對開放（如完全開放 API 銀行平台），因此在將挑戰者銀行與既有銀行進行比較時，需要謹慎解釋挑戰者銀行的結果。

許多挑戰者銀行在 API 功能範圍（即 Bunq、Starling 和 Fidor）具領導地位，API 版本中表現最佳的產品即功能範圍，既有銀行正在迎頭趕上，大型銀行明確關注開放式銀行業務，如 DBS、BBVA 和 ERSTE 集團。BBVA 提供涵蓋多種帳戶類型（例如儲蓄、支存等）的非常全面的帳戶功能。DBS 提供五種不同的支付／轉帳方式（包括即時支付）和廣泛的支付管理選項（例如商家結帳、公司帳單支付和退款／退款管理選項）。

銀行致勝策略是有效參與開放銀行平台遊戲，雖然銀行 API 平台的先例不多，但銀行可以從已經徹底改變其它產業的開放商業模式中學習。事實上，選定 API 數量的領先銀行開始推出自己的開發者入口網站（包括 API 和沙盒），提供對第三方服務業者的安全且受控的接取銀行資訊，以便連接銀行的功能和客戶數據建立下一代金融服務。銀行能夠透過其 API 平台和第三方服務業者進行有效和無縫互動，並促進開放銀行生態系統將受益於先發優勢。這也加強銀行的 API 產品和第三方服

表 5-3　開放銀行生態系統中的開放性變化

	完全開放 API 銀行平台（Open Source API Platform）	銀行 API 平台（Banking API Platform）	挑戰者銀行 API 平台（Challenger Bank API Platform）	既有業者（Most Ihcumbent Banks）
需求方使用者（終端客戶）	開放	開放	開放	開放
供應方使用者（金融科技業者）	開放	開放	開放	關閉
平台提供者（硬體或是作業系統）	開放	開放	關閉	關閉
平台贊助者（設計與 IP 權所有者）	開放	關閉	關閉	關閉
代表業者	英國 OBIE 歐洲 OBE 台灣財金公司	Citi, Lloyds, DBS, BBVA, 瑞穗銀行等	Yodlee, CBW, Mint, Fidor, Monzo, Starling, N26	傳統銀行

資料來源：改編自 Eisenmann 等（2008）
製表：本研究整理

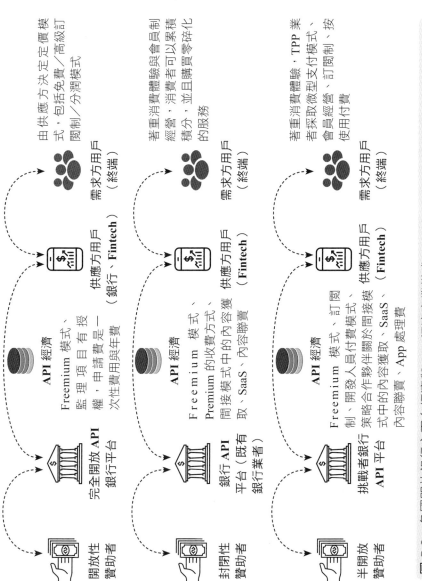

圖 5-3　各國開放銀行之平台經濟與 API 經濟商業模式

務業者生態系統的支持性，從而推動客戶價值創造[12]。

5.2.1 完全開放 API 銀行平台

完全開放 API 銀行平台成立的目的是監管與促進產業融合，開放銀行實施實體（OBIE）是英國 CMA 於 2016 年成立的公司，旨在提供開放式銀行業務，正式名稱是 Open Banking Limited。OBIE 目前約有 150 名全職職員，主要任務是設計出一套開放銀行 API 的標準，並建立資訊安全與資料傳遞的標準。OBIE 與英國最大的銀行和建築協會以及挑戰者銀行，金融技術公司，第三方服務業者提供商和消費者團體合作[13]。OBIE 設計銀行和建築協會用於安全地提供開放式銀行業務的應用程式介面（API）的規範，支援受監理的第三方服務業者提供商，銀行和建築協會使用開放銀行標準。開發者類型（TPP、AISP、PISP），根據英國開放銀行網站，每家銀行在開放 API 的進展不一，為了要讓銀行在技術上能持續改進，他們從去年 12 月開始，每月在開放銀行的網站上，都會公布各家銀行在技術績效上的表現，藉此給予進步的動力。2019 年 1 月，開放式銀行業務推出僅一年後，開放銀行實施實體計算

---

12 Innopay and Deutsche Bank.（2018）. Unlocking opportunities in the API economy. https://www.innopay.com/sites/default/files/content-files/Whitepaper-Unlocking-opportunities-in-the-API-economy-Aug-2018.pdf

13 Open Banking（2019）. *What is Open Banking*? https://www.openbanking.org.uk/

了 2,310 萬個開放式銀行 API 呼叫，並有 104 個受監管的提供商，包括 71 個第三方提供商和 33 個帳戶提供商。OBIE 管理開放式銀行目錄，為開放銀行生態系統的參與者制定指南、制定管理爭議和投訴的流程。接著，OBIE 邀請各方代表組成開放銀行諮詢小組，目的在於支援已向英國 FCA 提出註冊申請、並透過審核的 TPP，協助他們使用開放銀行標準，並為相關成員訂定了指導方針以及爭議處理機制[14]。

開放銀行目錄（Open Banking Directory）使參與者能夠註冊的關鍵架構，OBIE 並透過 API 參與支付啟動和帳戶資訊交易。開放銀行目錄將提供 ASPSP 接取的條件給列入白名單的參與者以利 API 接取，以及已獲得授權的參與者可以在主管當局註冊，使他們能使用 ASPSP 所提供的 API。開放銀行名冊（Open Banking Directory）主要提供其使用者三個功能：管理身分及權限、管理授權、管理名冊[15]。第三方業者可以接取的 API 類別包括（open-banking, 2019）：帳戶使用 API、支付 API、開放數據 API。

完全開放 API 銀行平台商業模式與效益

OBIE 擔任供應者平台的角色，第三方服務業者只需要在

---

14 Nelson, M.（2019）. *2019: The Breakthrough Year for Open Banking.* https://www.paymentsjournal.com/2019-the-breakthrough-year-for-open-banking/
15 Openbanking. space（2018）. *A Brief History of Conformance and Certification in the World of Open Banking/PSD2.* https://blog.openbanking.space/

這個註冊服務上登記，免費採取 Freemium 的機制，就取得英國所有支援開放銀行的存取權限，而不需要跟每一家銀行註冊或申請 API。監理項目有授權申請費是一次性費用與年費，採取會員制的作法。TPP 首先需要在開放銀行註冊。在使用之前，請務必檢查提供帳戶資訊服務或付款啟動服務的公司的金融服務註冊表。AISP 和 PISP 都必須在 FCA 註冊或授權，授權申請費是一次性費用。除了這筆費用外，還需要每年支付一筆費用。在第一年只需支付一定比例的費用（根據費用年度剩餘的月數）[16]。在 OBIE 頒發證書之前，TPP 必須由其國家主管當局，英國的 FCA 授權，或者由英國頒發護照。

一旦完成上述步驟，TPP 就可以使用 1 個或 9 大銀行，這根據提供商自動或手動完成。為了簡單起見，假設客戶正在尋求授權支付或將一些資訊流回 TPP。對於在 TPP 和銀行之間資訊溝通，必須在兩者之間形成相互保證的安全連接。此時，銀行可能會使用目錄來檢查 TPP 的授權狀態是否仍然是最新的，它可以透過 API 調用自動執行。TPP 必須對客戶明確交易的範圍，以便他們同意，此資訊也將發送到銀行完成授權。下一步是客戶授權銀行進行交易。他們將被導向到他們需要進行身分驗證的銀行應用程式，然後將重新呈現交易細節，並提示他們授權。一旦提供授權，客戶就會被重新導回 TPP 應用程

---

16 FCA.（2019）. *Authorisation application fee.* https://www.fca.org.uk/firms/authorisation/fee

式，繼續完成他們的旅程[17]。

　　在英國由供應方決定定價模式，銀行或是金融科技公司的商業模式不同，銀行通常是以間接收費為主要的商業模式，而新興的數位銀行則不同，以最受歡迎的五個數位銀行（Monzo、N26、TransferWise、Revolut 和 Starling）為例，它們通常提供的是免費服務，免費提供大部分服務幫助它們建立了龐大的客戶群。另一方面，儘管與傳統銀行相比設置相對較低且營運成本最低，並且由於通常免費增值模式導致收入不足，但事實證明難以實現盈利。例如：Monzo 在最近一個財政年度的每位客戶淨虧損 30 英鎊，提供的免費增值服務包括實體卡片完全免費、免外幣交易手續費、每 30 日海外提款200 英鎊內免手續費，超出收 3%、開戶即免費送 5 英鎊。為了促進營運績效，Monzo、N26 和 Starling 最近開始提供信貸產品，它們的貸款預計將從抵押貸款擴展到透支的各種服務。

　　另外，有些銀行透過高級增值高級服務，以創造收入來源。由於這些高級功能，包括不同類型的保險、無限制的免費轉帳／取款、更快的支付結算或禮賓服務，通常是以訂閱方式提供，這為數位銀行提供重要的收入來源。例如：Revolut 是歐洲首批在 2019 年早些時候收支平衡的數位銀行之一，這主要歸功於其額外收費訂閱收入。傳統銀行通常以零售銀行為中

---

17 Openbanking. space（2018）. *The strange case of the Open Banking Implementation Entity*（*OBIE*）. https://blog.openbanking.space/

小型企業主提供服務，而非是企業銀行服務，數位銀行為中小企業提供專屬企業銀行服務，從而獲得合理的客戶群，五家業者都開始推動這項服務。Revolut 每月向企業收取訂閱費用，而 TransferWise 則對特定服務收取額外費用。

有些則針對合作夥伴的第三方提供商提供服務，Starling 是少數幾家建立在自己的專有平台上的數位銀行之一，最近已進軍銀行即服務（Banking as a Service, BaaS）行業，使其技術可供其它新創企業用於推出數位銀行。Starling Bank 唯一的專有產品是其經常帳戶，作為提供輔助服務的基礎、從貸款到保險、再到投資機會。Starling 不是在內部開發這些服務，而是讓一組精選的合作金融服務提供商使用其平台，以換取費用。在數位銀行應用這種市場模式的情況下，它們的大部分收入通常來自合作夥伴而不是客戶。這些領先數位銀行的商業模式展現了不同於過往銀行業的商業模式，除提供付費高級功能／訂閱的方法之外，另外將技術提供給希望專注於 Fin 而非 Tech 的新興銀行（neobanks）。

5.2.2 銀行 API 平台（Banking API Platform）

2017 年由英國政府推出的開放式銀行業務使第三方服務業者金融服務供應商能夠透過應用程式介面（API），在客戶同意下接取客戶數據。帳戶整合被廣泛視為銀行採用的第一階段，也是客戶可以在一個地方看到所有帳戶的時間。

　　2016 年 2 月 BBVA 早於政府一步，宣布 Open API 平台上線，為金融新創公司、個人開發者提供關鍵資料與 API 介面調用許可權，最初開放的介面包括匯整金融卡支付資訊、帳戶資訊授權、綁定 BBVA 支付方式等，其中帳戶匯總服務包括將所有客戶的帳戶和卡片資訊整合為一個介面。2017 年 5 月 Open API 平台經過一年測試後，BBVA 正式推出 BBVA API Market，該平台開放了 8 大類介面，主要基於零售客群資料、企業客群資料、多管道資料整合和支付貸款授權。2018 年 BBVA API 市場提供 18 個財務 API。2019 年則推出 20 個財務 API，它們允許公司新創企業和開發商透過將 BBVA 客戶的金融服務集成到其應用程式中來推出新產品和服務，前提是他們表示同意[18]。

　　花旗是首批加入英國開放銀行目錄的銀行之一，作為支付啟動服務提供商（PISP），現在打算利用開放銀行業務為其商業客戶提供匯總收款服務，利用該國最大的標準化開放 API。花旗透過 Citi Connect 擴展了其 API 解決方案，Citi Connect 收集有關外匯匯率、帳戶報表、直接借記、截止時間，更快付款和付款證明的即時資訊。Citi Connect 是採用 API 技術將客戶銀行整合提升到新的水準，Citi Connect API 的客戶類型發生了變化，數位原生代成為最快的採用者。客戶喜歡即時支付

---

18 興業數金（2018 年 8 月 27 日）。開放銀行系列之案例篇：歐美國家的探索實踐。興業數金公眾號。取自 https://mp.weixin.qq.com/s/dRGnoJT3X0HkOc8AH4n5cA。

功能，與此同時，傳統的銀行繼續依靠透過 Citi Connect 進行
批量處理來啟動交易，並主要採用 Citi Connect API 進行各種
資訊查詢和報表。Citi Connect 平台現在占客戶發起的所有交
易的近 60%。平台還連接到花旗開發者網站（Citi Connect API
Developer Portal）的資料庫，客戶可以在沙盒環境中接取有關
Citi API 的最新文件檔，以便進行技術測試和驗證，加速技術
開發與提高技術品質。沙盒環境的另一個好處是它可以用作上
線發布 API 的方法。2016 年 11 月，花旗銀行在全球推出 API
開發者中心（API Developer Hub），底層 API 金融組件如同樂
高積木一樣，開發者可以自由組裝成有創意的金融應用程式。
主要授權的 API，包括帳戶管理、分行資訊、轉帳服務、信用
卡管理、信用卡紅利點數消費折抵、開戶辦卡、客戶服務等，
雙方相互開放 API 進行資料串接，減少客戶重複填寫資料的時
間、提升辦卡效率。開發者需要在 developer.citi.com 註冊，獲
得一個 ID 與密鑰，並透過花旗銀行的授權，才可以使用 API
工具連接至開發沙盒測試。最後，當雙方均認為存在較大的合
作空間時，開發者可與花旗銀行進行下一步洽談與合作。

　　2018 年英國 Lloyds 銀行的客戶可開通開放式銀行業務功
能，透過他們的行動銀行應用程式查看客戶於其它銀行的帳戶
資訊，包括 NatWest、RBS、滙豐銀行、巴克萊銀行、桑坦德
銀行、蘇格蘭銀行、勞埃德銀行和 Halifax 的帳戶。Lloyds 銀
行開放的 API 包括：

1. 即時查看企業財務主管的多個帳戶中的現金餘額：API 即時提取各個銀行的現金餘額。

2. 資產融資：將發票融資和貸款產品提供給在匯總網站上搜尋的客戶，來自匯總網站的報價請求，以及銀行回應的 API 調用都是透過網路安全檢查的。

3. 客戶和貨幣經紀人的即時外匯匯率：透過 API 通路預訂外匯交易，無須任何人工干預。

4. 透過客戶同意，使用 API 調用從多個來源即時獲取資訊：來自其會計包或 ERP 系統的會計資訊、來自信用局的信用歷史、來自客戶的其它銀行的銀行數據，從而改進和加快銀行信用決策。

　　新加坡的銀行 API 平台發展，星展銀行於 2017 年發表銀行應用程式設計介面（API）開發商平台，當時是世界範圍內銀行發表的最大 API 平台。DBS Developer 平台發表時，即連接了 20 多個類別，共 155 個 API，如資金轉帳、獎勵、PayLah！和即時支付等[19]。到 2019 年，目前該平台已擁有超過 350 個 API，有 3,500 名註冊開發人員將星展銀行的 API（例如積分兌換、資金轉帳、獎勵、帳單支付）整合到他們的解決方案中來增強客戶的體驗，並與 90 多個合作夥伴建立了聯繫，包括大型業者、政府機關與新創業者，如 Activpass、

19 Lin, P.（2017, November 22）*DBS Launches World's Largest API Platform.* https://blog.moneysmart.sg/opinion/dbs-launches-worlds-largest-api-platform/

FoodPanda、Homage 和 soCash 等。業者使用 DBS Point Payments API 功能，可以讓第三方業者的客戶使用 DBS 積分或每日餘額來支付購物費用。當客戶使用 DBS 卡消費時，他們會積累 DBS 積分，可用於兌換購物和餐飲券、電子產品、電影折扣、航空里程等。客戶還可以看到他們的積分轉換為現金，使他們能夠在選擇使用積分餘額進行支付之前做出明智的決定。DBS 抵押貸款 API 可以幫助客戶輸入基本的客戶／房產數據來評估他們的貸款負擔能力。此外，使您的客戶可以透過他們的 DBS 帳戶直接啟動住房貸款申請。透過資金轉帳 API 可以提取現金，將零售店變成替代 ATM 機，使客戶可以輕鬆提領現金。DBS Ideal Rapid《星展樂捷企業帳戶》有 3 種類型的 API 服務可供客戶運用，入帳確認通知、帳戶餘額暨歷史交易查詢以及轉帳匯款交易三大功能。以總部位於新加坡的科技公司 Grab 為例，選擇 Grab Pay 使客戶能夠支付計程車費用。Grab 司機可以即時進行每日收入結算，短短數秒內即可將資金存入其銀行帳戶。最後，Grab 公司能夠即時將 Grab 錢包中的資金轉帳至司機的星展或郵局帳戶[20]。

20 DBS.（2019）. *Instant dbs point payments reward your customers, boost loyalty to your business.* https://www.dbs.com/dbsdevelopers/points.html

銀行 API 平台（Banking API Platform）商業模式與效益

BBVA 作為供應方平台，API 市場有三個級別[21]：測試、基本和完整。其商業模式在沙盒部分是採取 Freemium 的商業模式，可以無限使用，但提供的資料是測試資料，若是完整方案則是採取 Premium 的商業模式。BBVA 提供的 API 包括客戶身分、消費習慣、分析客戶的支付、與中國支付寶串接、收集和匯總數據研究，並即時發送通知。任何使用者可以在沙盒環境中免費調用 BBVA 提供的資料和服務進行開發；完成沙盒測試後，如果與 BBVA 雙方達成合作意向，則可利用 BBVA 的數據資料進一步開發市場。例如：PayStats 利用銀行匯總的大數據，透過對這種匿名資訊的分析，商家可以發現客戶的購物時間、來源和偏好以及其它數據，支付寶使西班牙企業能夠為中國遊客提供這服務，商家能透過銀行的 API 接取經過客戶同意的 BBVA 的數據。因此，轉換過程得到提升，帳戶、信用卡、支付、貸款和通知有助於為客戶創造增值服務。銀行和新創企業之間透過開放式銀行業務的合作取得了成果，包括 Geoblink（專門從事地理營銷，幫助肯德基、LA Tagliatella、豐田、Klepierre 或 Eroski 為它們的下一家商店選擇最佳網站）和 Simple（2014 年由 BBVA 收購的美國金融科技公司）。

---

21 BBVA.（2018）. *Open banking, a path for your company's digital transformation.* https://bbvaopen4u.com/en/tags/open-banking

BBVA 作為需求方平台，著重消費體驗，除了提供給第三方服務業者的資訊採取微型支付模式，BBVA 對於客戶是免費開立線上存款帳戶與支票帳戶，同時提供 Simple Cash Back 計畫，透過網路銀行或手機銀行提供的商家優惠，客戶可以獲得現金返還獎勵。這些優惠是根據客戶的購買歷史記錄為您量身定制的。您只需選擇或啟動對您有吸引力的優惠，當您達到優惠條件時，獎勵金額將自動授予並存入您的帳戶[22]。

花旗銀行供應方平台商業模式採取沙盒不收費，進一步的服務。需求方平台商業模式採間接收費的模式，不是對於終端客戶直接收費，而是透過異業結合擴大平台的正面效應。澳洲航空公司（Qantas Airways）在花旗開發者中心調用了 70 多個 API，推出優質白金信用卡服務以及 Qantas Money 的 App，透過 App，用戶可以同時查詢信用卡餘額和飛行里程數積分。「Citi Pay with Points 憑分消費」API：花旗銀行 2018 年 3 月推出此 API，信用卡客戶於 HKTVmall 與東瀛遊消費時，可直接使用信用卡積分抵銷簽帳金額，過程中無須離開該購物平台。整合屈臣氏「易賞錢」消費獎賞計畫，將信用卡積分直接兌換為易賞錢積分，以獲取現金折扣、換領禮券和商品等。Citi 客戶服務、信用卡管理及轉帳服務 APIs：透過「八達通」App，可以申請 Citi 八達通信用卡，並不用再填寫一次信

---

22 BBVA（2019）*Receive cash back based on how you spend.* https://www.bbvausa.com/digital-banking-services/cash-back-rewards.html

用卡申請表，申請成功後，客戶由確認新卡以啟動自動增值服務[23]。

Lloyds 供應方平台商業模式，受英國法規監理有授權申請費是一次性費用與年費，採取訂閱制的作法。也因此，Lloyds 銀行自家的開發者入口網站的認證，也將可以直接轉移適用於這個英國開放銀行註冊服務。對 Lloyds 銀行而言，這不只是一個開發者交流或檔案平台，這些 API 用量的分析數據，未來也可以進一步作為發展 API 計價機制的基礎，另外也可以匯入相關資料進行數據分析。有關 Lloyds 間接接取支付系統的費用包括：根據所需服務和通路的組合，一次性安裝費；適用於所需的不同服務，通路和選項的常規費用；特定於付款類型和處理量的交易費用；帳戶管理，信貸安排和流動性要求的費用。Lloyds 需求方平台商業模式，對於自己的終端客戶提供新服務，目前還是保持間接收費的模式。而其提供給金融科技業者的 API 服務，則由金融科技業者決定定價模式。

DBS 供應方平台商業模式為註冊開發者帳戶才能免費使用沙盒，收費模式如前述之花旗銀行。Activpass 是一家健身公司，透過使用 Activpass 應用程式，用戶可以隨時隨地預訂和購買個人健身，美容和健康服務和課程，不用買套裝課程。客戶還能以 DBS 積分來支付服務和課程費用，與傳統的禮券

---

23 文顥宗（2018 年 10 月 23 日），【金融科技】花旗續拓 API 合作，可循八達通 App 快速申請信用卡，香港 01。

兌換相比，即時兌換積分減少了時間和麻煩。Homage 每個月
為老年人提供數千小時的護理，包括護理程式和家庭理療服
務，並與數百名護理專業人員合作。為此，社會企業必須實現
無痛，可擴展且無障礙的支付體驗，將家庭護理的行政部分保
持在後台並使護理脫穎而出。有史以來第一次，客戶可以透過
Homage 的技術平台使用您的 DBS 積分支付家庭老年人護理評
估費用。與 DBS API 集成有助於組織擴展其支付，並將重點
放在他們所做工作的最重要方面——提供值得信賴的優質老年
人護理。PropertyGuru 是新加坡最大的房地產搜尋入口網站之
一，客戶確定了理想住宅後，他們可以直接從搜尋入口網站計
算貸款可負擔性或啟動住房貸款申請[24]。

5.2.3 挑戰者銀行平台（Challenger Bank API Platform）

　　美國 Yodlee 逐步由 B2C 向 B2B 轉變[25]，專注於提供銀行
與第三方服務業者公司之間的服務，客戶包括美國最大的 20
家銀行中的 13 家，如花旗、美國銀行、16,000 多個全球客戶
金融數據來源，再將分析數據以 API 的方式提供給 TPP 設計

---

24 Lin, P.（2017）. *DBS Launches World's Largest API Platform–Why Should You Even Care?* https://blog.moneysmart.sg/opinion/dbs-launches-worlds-largest-api-platform/

25 興業數金（2018 年 8 月 27 日）。開放銀行系列之案例篇：歐美國家的探索實踐。興業數金公眾號。取自 https://mp.weixin.qq.com/s/dRGnoJT3X0HkOc8AH4n5cA。

創新服務，提供客戶無縫接軌的金融體驗。Yodlee 最終能觸及的用戶規模在 5,000 萬人左右，但大部分用戶都不知道自己正在使用 Yodlee 的服務。Yodlee 的 API 產品主要包括三類：數據匯總 API、帳戶驗證 API、資金流動 API。

SolarisBank 總部位於德國柏林，成立於 2015 年，由德國金融科技創業工廠 FinLeap 孵化，其宗旨是致力於將銀行打造成基礎設施提供者，成為 Bank-as-a-Platform 模式中的佼佼者。自成立以來，Solaris Bank 就深受國際知名投資者的青睞，過去兩年間共獲得約 9,500 萬歐元的融資，除了原先的投資方 Arvato Financial Solutions 和 SBI 集團外，Visa、BBVA、Lakestar 等也參與了此次融資。有別於其它金融科技公司，Solaris Bank 的顯著特色是已取得了銀行／虛擬貨幣執照。其實最初的定位是一家純技術的公司，這也為其後期業務奠定了強大的技術背景。2016 年 3 月正式從德國聯邦金融監理局處取得了全銀行執照。SolarisBank 本身並不經營傳統銀行的業務，而是專注於為第三方服務業者企業提供純粹的開放 API 服務。合作夥伴關係是商業模式的關鍵要素，它們也在新的全球金融科技方案中發揮著舉足輕重的作用。「樂高積木」式的 API 設計有利於合作夥伴自主選擇與自身需求相符的 API 產品。據統計，目前已經在底層推出超過 180 個 API 埠，按照功能劃分大致可以歸為三大類：數位銀行和金融卡類 API、符合

PSD2 要求的支付類 API、貸款類 API[26]。

　　CBW 全稱 Citizen Bank of Weir，經過 8 年的轉型，成為美國最具有科技創新精神的銀行，多次被評為「全美最創新的社區銀行」。對外開發出 500 多個 API 介面，把 CBW 打造成服務金融科技公司的數位金融平台，成為美國本土第一家實現 Open Banking 的銀行[27]。自 2013 年以來在自己的 API 商店「YLabs Marketplace」中發表流程 API。2016 年 6 月推出以來，已有 300 多家公司簽約使用 API，主要是金融科技公司。CBW 銀行所建立的不僅僅是一個銀行業平台，更多的是一系列模組[28]。因此眾多知名金融科技公司，比如 Moven、Ripple Lab、Omeny 都成為 CBW 的合作夥伴，數位金融平台服務成為 CBW 的重要收入來源。CBW 平台提供了與許多連接的合作夥伴進行串接的單一入口，而不是數百個的 API 連接入口。使終端用戶能夠接取多個支付網路和通路，並降低客戶維護以及測試的成本。

　　FinTech 使用 YLabs API 開發應用程式，CBW 將評估

26 solarisBank AG（2019）. *How banking as a service can open the doors to Europe's mobile banking market.* https://medium.com/solarisbank-blog/how-banking-as-a-service-can-open-the-doors-to-europes-mobile-banking-market-a2eaaf9aaa3b

27 蔡凱龍（2017 年 11 月 03 日）。金融資料共用正引發全球變革。新浪財經意見領袖。http://finance.sina.com.cn/zl/china/2017-11-03/zl-ifynnnsc4336215.shtml。

28 Lodge, G.（2017）. *CBW Bank: Leveraging Modern APIs.* https://www.celent.com/insights/424759415

FinTech 的業務案例，以確定它是否允許進入生產階段。CBW
在選擇生產應用方面具有策略規劃，選擇具有明確路線圖的
合作夥伴以及擴展 CBW 生態系統的能力。Yantra Technologies
還為全球匯款提供白標服務，連接到貨幣支付提供商，如
Currencycloud 和 TransferTo。與世界各地的電信公司的連接可
以為電子錢包提供加值服務、支援跨境支付，CBW 與 15 至
20 個國家的銀行建立了代理銀行關係，允許其直接與國際銀
行提供即時總額結算，繞過傳統的支付和消息網路進行清算。
CBW 使用自己的資訊傳遞標準，其中包含比現有標準更多的
上下文數據，在尋找特定地區的銀行合作夥伴時，CBW 會尋
找當地最先進的銀行（Celent, 2017）。銀行使用該平台作為
數位沙盒，提供靈感和快速原型製作工具，以加速銀行的數位
化轉型，更好地滿足消費者不斷變化的需求。CBW 的金融科
技客戶代表不同的商業模式，基礎設施擴展合作夥伴透過帳單
支付，行動錢包和多國支援等功能擴展其產品基礎設施。垂直
專業合作夥伴幫助醫療保健和保險等不同產業的公司將銀行和
支付服務納入其軟體解決方案。非銀行金融服務合作夥伴支援
金融科技公司提供個人對個人支付、行動貸款和帳單支付等服
務。

　　德國 Fidor Bank 成立於 2009 年，創辦人為 Matthias
Kröner，旨在徹底改變銀行業。數位銀行透過新的和以客戶為
中心的服務，重新建立對銀行業失去的信心，使其客戶能夠積

極參與銀行的決策過程。該銀行沒有分支機構，純粹是線上與數位驅動。2016 年被法國 BPCE 銀行集團收購，但是其業務與BPCE 母公司獨立。Fidor Bank開始發展的策略包括 API 平台策略，FinanceBay 開放式銀行平台可以在應用商店中比較和選擇銀行產品。Fidor 希望吸引金融科技提供的最佳服務，讓這些公司獲得新的客戶群，同時為客戶提供類似於應用程式商店的體驗，使他們能夠選擇從個人付款應用程式到保險產品的各種產品。

Fidor 擁有一個用戶友好的開發人員入口網站，支援從學習應用程式、應用程式註冊、沙盒、團隊管理、審批流程到應用程式管理，日誌記錄和調試的所有步驟，終端客戶也可以接取，享受 API 測試。Fidor 服務主軸為 60 秒高速銀行服務、市集服務、平台服務與 API 管理平台與沙盒，他們認為新的商業模式是從傳統銀行到開放銀行，再到銀行即平台（Bank as a platform, BaaP），以 API 作為他們 DNA，以 API 優先（API-FIRST）作為第一策略，客戶體驗通道、營運夥伴、核心銀行與支付網路以及金融科技市集都開放 API 申請串接，Fidor Bank可以提供銀行、支付、信用、卡片管理、客戶管理、社群、評分、整合服務與第三方服務業者服務，目前業務拓展至中東、美國。Fidor API 是在考慮開發人員為客戶的情況下設計，因此採用 Uber、PayPal、Facebook 和 Google 等全球參與者設定的互聯網標準的原因，企業客戶透過 API 提供便捷與安

全的銀行基礎設施接取。透過 API 現業務流程自動化，在產品中提供第三方服務業者服務，豐富和深化與零售及企業客戶的相關性[29]。

Fidor 的開放式銀行合作方式成為可能，因為它使第三方服務業者應用程式開發人員可以接取 Fidor 的 API 沙盒來開發和測試他們的服務。這些共用的 API，Fidor 已經擁有一套來自其它公司的可選服務。開放市場生態系統的 APIFidor 的直接面向消費者的市場提供了與社區功能相結合的零售體驗，客戶透過來自 50 多個提供商的廣泛解決方案滿足其財務需求，包括投資、虛擬貨幣交易、群眾募資項目、P2P 貸款、保險採購、手機加值、貴金屬購買，憑證購買或個人財務管理工具。市場允許客戶互相交流、尋求建議、審查產品，以及透明地選擇 Fidor 和合作夥伴的產品。透過開放 API，Fidor 合作夥伴可以向 Fidor 客戶提供服務。Fidor 的市場在德國進行了一年多的 beta 測試，成功推出了一款能夠滿足消費者需求的工具，以便在值得信賴的環境中找到合適的金融科技。為現有銀行和消費者領導的組織提供開放式 API，BaaS 允許使用 Fidor 的白標軟體解決方案推出新的數位銀行，包括其銀行許可和營運服務。Fidor 的 BaaS 服務提供完整的業務流程外包，包括：白標的 App、銀行專業知識和產品、反洗錢風險和合規性、專門的客

---

29 Fidor（2019）. *Experience with our APIs & SANDBOX*. https://www.fidor.com/solutions/developer

戶服務、SaaS、AWS 和私有雲建置[30]。

　　Fidor BaaS：協助創立 O2Banking，這是德國第一家將電信業者業務模式與銀行相結合的行動銀行。O2Banking 客戶享受免費數據，而不是支付存款利息增加，與同伴共用或轉換為亞馬遜禮品卡。打造 B2B FinTech 生態圈：允許金融科技合作夥伴透過特定的銀行服務，如信用卡、支付卡和託管帳戶擴展其業務模式，透過使用 API 完全啟用，為終端消費者客戶提供從 FinTech 合作夥伴訂閱服務的優惠。API 貨幣化：Fidor 透過其與金融科技的 API 合作夥伴關係產生收入，分潤機制來自於帳戶數量、訂閱費用或收入的百分比。例如：在虛擬貨幣合作方案中，Fidor 收取 0.1% 的費用[31]。

挑戰者銀行 API 平台商業模式與效益

　　Yodlee 供應方平台商業模式採取 Freemium 與 Preemium 的收費方式，沙盒的測試環境是免費增值的，其它上線方案則是分級收費。最初需求方平台商業模式主要是以 B2C 的個人理財服務為主，以微型支付為主要的商業模式，透過整合銀行數據為客戶提供一站式線上財務管理平台 FinApps，使客戶能

30 Fidor（2019）. *Preisleistungsverzeichnis Privatkunden.* https://www.fidor.de/price-services/price-service-retail

31 CELENT（2018）. APIs IN BANKING: UNLOCKING BUSINESS VALUE WITH BANKING AS A PLATFORM（BAAP）. https://www.fidor.com/documents/analyst-reports/celent-apis-in-banking-unlocking-business-value-with-baap.PDF

夠在這個應用程式上登錄多個銀行帳號進行轉帳、還款等金融行為，並定期向客戶寄送個人帳單，功能與支付寶很相似。

Solaris Bank 供應方平台商業模式採用的是 B2B2C 模式，透過服務商業生態圈內有金融服務需求的公司從而間接為終端用戶提供便利。目前聚焦的目標客戶主要涉及電商、零售商、禮品卡／預付卡提供商和金融科技公司等。由於商業生態圈內的群體包羅萬象，從事的領域各不相同，SolarisBank 致力於與合作夥伴開展一對一的合作，提供定製化解決方案以滿足不同客戶的需求。一個典型的案例是為 Fashioncheque 公司的禮品卡業務提供虛擬貨幣和託管解決方案。SolarisBank 以 API 的方式提供清算、結算服務以及廣泛相容、接近即時的交易訊息功能，更重要的是，SolarisBank 的虛擬貨幣執照可以確保該方案符合銀行級別的合法要求，從而解決了公司不能擁有禮品卡「資金池」或直接發起支付交易的痛點。在其「銀行即服務平台」中，SolarisBank 提供從帳戶到交易到識別流程的所有核心數位銀行服務，作為模組化的白標服務，透過 API 直接集成到 insha 應用程式中。需求方平台商業模式採取間接收費，一般轉帳與支付不收費。特殊服務會依照服務的項目收費，如發貨帳戶對帳單、國內外商務客戶卡交易與國內外私人客戶卡交易等。

CBW 社區銀行供應方平台商業模式採取分潤機制，成功引導客戶前往銀行開戶或是導客，CBW 會抽成，證券、信用

卡繳費、保險、股票。CBW 銀行開發並實施了一個支援 API
的數位銀行平台,該平台可以促進跨多個通路的即時、上下文
和條件支付,並透過 API 商店向第三方服務業者提供這些支
付。銀行利用 500 多種現代 API 將無限連接點集成到其數位
銀行平台中,使用戶可以接取多個支付網路和通路。CBW 銀
行能夠利用其技術建立滿足消費者需求的解決方案,並使各種
垂直產業受益。透過授權接取其 API,該銀行現在允許金融科
技創業公司和其它具有前瞻性的金融機構快速構建和驗證各種
商業和消費者銀行產品,同時確保合規性。這也將允許任何新
創公司或銀行在六個月內建立數位銀行。需求方平台商業模式
採取間接收費模式,以貸款業務為主要營利項目。另外,也為
Moven 做行動銀行 App。

Fidor 供應方平台商業模式定價必須適合每個特定項目,
並對消費者、合作夥伴和 Fidor 公平。在項目的開始階段之
後,所有各方都同意許可或按使用付費收入模式。在此階段,
項目從構思到原型完全定義,並在時間軸上設置明確的 KPI,
這種基於敏捷的方法可確保定價與 KPI 保持一致,並確保所有
各方努力實現成功目標。需求方平台商業模式除了社群網站按
讚,可以降低信貸利率,還透過各式各樣的獎金鼓勵,例如,
把說明 Fidor 的服務上傳至 YouTube 每個月還有 100 歐元的獎
金,對於客戶的服務是採取免費增值與微型支付,以及會員制
經營。

表 5-4 各國 Open API 銀行平台成功商業模式

平台 提供者	平台開 放類型	供應方用戶商業模式	需求方用戶 商業模式
OBIE	完全開放 API 銀行 平台	開放銀行的接取是 Freemium 模式。 某些受監理的應用和網站可能會選擇向您收取產品和服務的費用。監理項目有授權申請費是一次性費用與年費。採取訂閱制的作法。	由供應方決定定價模式，包括免費／高級訂閱制／分潤模式。
BBVA	銀行 API 平台	數位沙盒採 Freemium 模式。 進一步合作採用 Premium 的收費方式。 平台與供應方屬於間接模式中的內容獲取、SaaS、內容聯賣。2018 年共研發 18 個 API。	著重消費體驗。 銀行的手續費模式。
花旗銀行	銀行 API 平台	數位沙盒採 Freemium 模式。 進一步合作採用 Premium 的收費方式。 平台與供應方屬於間接模式中的內容獲取、SaaS、內容聯賣。 TPP 業者採取微型支付模式。	著重消費體驗。 會員制經營累積花旗積分、現金折扣與禮券。

表 5-4 各國 Open API 銀行平台成功商業模式（續）

平台提供者	平台開放類型	供應方用戶商業模式	需求方用戶商業模式
DBS	銀行 API 平台	數位沙盒採 Freemium 模式。 平台與供應方屬於間接模式中的內容獲取、SaaS、內容聯賣。 TPP 業者採取微型支付模式。	著重消費體驗與會員制經營。 消費者可以透過 DBS 的網站了解，使用 DBS 提供 API 的服務業者。 著重消費體驗與會員制經營，消費者可以累積積分，並且購買零碎化的服務，努力經營 API 經濟生態圈。
Yodlee	挑戰者銀行 API 平台	數位沙盒採 Freemium 模式。 API 發展採訂閱制，開發人員付費。 企業級的需求採分層（Tier）付費模式。 策略合作夥伴屬於間接模式中的內容獲取（客戶數據）、SaaS、內容聯賣。	著重消費體驗。 TPP 業者採取微型支付模式。

表 5-4　各國 Open API 銀行平台成功商業模式（續）

平台提供者	平台開放類型	供應方用戶商業模式	需求方用戶商業模式
Mint	挑戰者銀行 API 平台	數位沙盒免費 API 收費模式屬於間接模式中的 SaaS。	著重消費體驗。TPP 業者採取微型支付模式（開戶或是導客成功會抽成，證券、信用卡繳費、保險、股票）。
Fidor Bank	挑戰者銀行 API 平台	API 使用費：基本 API 使用、資料接取、額外的金融服務。App Store 處理費。App 分潤。	著重消費體驗。TPP 業者採取微型支付模式、會員經營、訂閱制。Fidor 在虛擬貨幣的方案中採按使用付費。

資料來源：本研究整理（2019）

5.3　開放銀行對於台灣的意涵

從各國目前的發展看起來，是以英國與新加坡的成效最為明顯，但英國明顯是對於新創業者較為有利，在 2019 年 7 月 16 日 OBIE 公布一份報告《Open Banking, Preparing for lift off》的成效說明，一開始故意採用最低可行的產品方法來推出開放銀行 API，OBIE 盡早發布 API 以便整合用戶反饋的知識。由於收到用戶體驗「漫長而繁瑣」的開放銀行 API 的早期

反應，OBIE 已經能夠透過修改開放銀行標準迅速作出反應，以提供更加以消費者為中心的綜合用戶體驗。根據 OBIE 報告，自修訂標準推出以來，開放銀行實體的用戶轉換率翻了一番。自英國開放銀行業務推出以來，FCA 已批准超過 135 家實體提供開放式銀行服務、帳戶匯總服務、個人財務經理和小企業財務管理的目前正在應用，如 Yolt 與 Token 都已完成串接。消費者貸款、信用增強、電子商務、身分驗證和產品比較等其它應用正在進行設計和測試。另有關高級 API，高級 API 由銀行自願提供，用於 TPP 的契約報酬，這種方法的好處是為銀行提供商業激勵以提供 API 接取。對於英國銀行的好處而言，目前有幾家大銀行提供 Connect Money 的服務，並試圖提供向新創公司服務的功能，以因應亞馬遜與 Google 在五年內提供金融服務。

相較英國與新加坡的規劃時程，銀行與金融業都有三年的準備期，找出適合的商業模式，如果只聚焦在安全或是 API 開放的數量，將失去 API 經濟與數位經濟的視角，也會造成制度創新的失敗，故在數位經濟環境的公開與公平性需要防止制度失靈的狀態，讓具備創新能力的業者有機會接取到關鍵的客戶資訊，也能促進產業進行轉型。

台灣聲稱採取香港與新加模式「開放 API 框架模式」（Open API Framework Model），但是事實上同時具有英國的「API 管理中心模式」（Open Banking API Platform Model, OB

Implementation Entity），雖然沒有強迫業者一定要開放哪些資料以及完全對外開放，但是具備 API 的管理中心，要求要申請開放銀行業務的業者參與財金開放 API 平台的運作，不過台灣第三方業者目前屬於經濟部管理，非由金管會管理，這也形成台灣一個特殊情境的難題。澳洲採取的從 CDR 修法的方式，從根本解決資料所有權的問題，讓消費者不再是被動模式，台灣在金管會於 2020 年推出的金融科技路徑圖中將客戶資料開放分為三階段，也是在替未來跨集團、跨機構、跨業交換資料先做準備，同時避免現在英國於交換資料上遇到的問題，同時讓開放銀行政策能更加地活化。綜觀各國切入開放銀行業務的方式不同，關心的治理議題主要如下：

1. 開放資料的範圍與時程；
2. 開放資料類型：公開資料（public Data）、產品資料（Product Information）、帳戶資料（Account Information）、交易資料（Transaction Data）以及整合性並經轉換後的資料（Aggregated and Transformed Data）等；
3. 消費者保護與爭議處理及業者自律；
4. 技術標準的制定與治理及推動單位。

　　台灣也是鎖定這四項治理議題進行規劃與開放（如表5-5），不僅在開放資料與時程上，具備逐步性的開放，在平

表 5-5　台灣開放銀行作法

發展背景	金管會為持續推動金融科技發展，於 2018 年 11 月 13 日函囑銀行公會及財金公司研議評估推動「開放銀行」實務作法。
監理方式	採取新加坡與香港模式綜合
政策生效時間	2019 年 3 月成立「開放 API」研究暨應用發展委員會（計 43 家金融機構參加）。 2019 年 6 月 26 日「開放 API 研究暨應用發展委員會」核議通過後，函報金管會鑒核，並同步進行各機構 API 上架至管理平台及訊息驗證作業。
主管機關	金融管理委員會
Open Banking 平台	財金公司具有管理名冊與完全開放 API 平台，第一階段目前總共有 26 家銀行參與 Open Banking。包括凱基、台新、中信、國泰世華、合庫、華南與元大等都將是首波完成平台上架的金融機構。第二階段只有 7 家。
第三方服務業者服務商之管理	合法登記之法人組織、具備穩健經營、經驗及專業能力、具備網路安全與資訊控管之風險管理能力、應符合財金公司的資安標準、負責人及經理人應無「銀行負責人應具備資格條件兼職限制及應遵行事項準則」第三條第一項除第十三款外之各款所述情形，並出具相關之聲明書、第三方服務業者服務提供者應遵循事項、銀行與第三方服務業者服務提供者合作契約應訂定事項。
開放業務之範圍	第一階段公開資訊查詢（2019 年 Q3） 第二階段消費者資訊查詢類（2021 年 Q3） 第三階段交易面資訊類（未定）

資料來源：財金公司（2021）
製表：本研究整理

台的管理與 API 標準上都具備與國際接軌的能力，不論在 API
規格與資安要求都是依照英國開放銀行的要求作為參考，因此
在規格上目前較無太大的問題，目前開放的焦點著重在業者參
與的數量與 API 數量，主要的 API 都是來自於銀行，TPP 業
者尚未成為 API 的提供者，未來應該著重於其它產業或是 TPP
業者的加入，讓整個開放銀行的環境更加多元與有價值。

　　台灣在 Open Banking 浪潮下，2018 年開始有凱基銀行、
永豐銀行建置自家的 Open API 平台，2019 年完全開放 API 平
台正式起動，目前已經追上香港的腳步，目前台灣的開放銀行
第二階段，因為資安議題直到 2021 年 Q2 才會實施，財金公
司第二次提報金管會「中華民國銀行公會會員銀行與第三方服
務提供者合作之自律規範」，其中第三方業者的資安要求大幅
度提高，對於小型業者而言，不論是機房或是資訊傳輸與行動
裝置的安全檢測都會是個較高的負擔。第三方業者必須符合銀
行安控基準的要求，許多金融科技業者因無法具備相關的資安
條件，加上資本額不足，銀行與其合作也會受到主管機關的稽
核，因此目前相關的合作是速度較慢的。而在消費者發生爭端
時，最終責任歸屬在於銀行，也讓銀行在與金融科技業者合作
上產生疑慮。也因此「開放銀行」第二階段核准名單以大型機
構為主，華銀、元大、中信、兆豐、一銀及國泰世華銀行等六
家銀行與集保合作案，以及遠東銀行與遠傳電信合作案，分別

獲准辦理「開放銀行」第二階段「消費者資訊查詢」業務[32]。

　　從其它國家的經驗得知，英國與新加坡的模式都配合著驅動業者產生新的商業模式，而不只是創造開放 API 的數量，台灣如果希望引進開放銀行製造創新，需要真的從結構上進行改變，鼓勵銀行具有科技公司的能力外，尚需真的落實創新制度的公開性與公平性，以國家的金融戰略角度定位台灣在亞洲區域金融於開放銀行可以獲得競爭能力與相對優勢，如亞洲人的消費習慣或是金融需求的特殊性，找出我國於開放銀行的利基性。

5.4　台灣 Open Banking 可能的商業模式

　　「解決一個問題，創造一個市場」，首先要回應的是台灣消費者在開放銀行的需求是什麼，歐洲很明顯是為了要解決銀行的高手續費與服務問題，澳洲則是解決消費者在開放資料的所有權與應用問題，台灣目前在開放銀行的想像多半是在帳戶整合與異業合作，但是並未對解決消費者問題與創造市場提出相關看法。

　　開放銀行政策可以促進金融的制度創新機制，將台灣沒有跨業競合的環境打開，促使新型態的新創業者加入，在商業模

---

32 葉憶如、邱金蘭（2021 年 1 月 1 日），「開放銀行」二階段七家過關，經濟日報。

式部分分為開放平台、銀行平台與挑戰者銀行平台，API 驅動的商業模式獲利的地方包括在供應方平台的定價模式，更包括需求方用戶（終端用戶）的定價模式，因為平台的資源不同，因此平台網路效應除了受到平台經營模式的影響，也受到平台大小的影響，相對來說以銀行 API 平台相對優勢較高，因為它們的使用者最容易達到多邊效應，尤其是數位轉型成功的銀行，如花旗與星展銀行，讓 TPP 業者的終端客戶成為花旗與星展銀行的會員累積積分。

　　在開放 API 銀行平台的商業模式中，平台的商業模式是雙邊市場，一邊是供應者用戶（銀行 API 平台、挑戰者銀行 API 平台、完全開放 API 銀行平台）、一邊是需求方用戶（也就是消費者），雙邊市場的定價模式較為複雜，解決 API 貨幣化挑戰的第一步，就是分析平台所創造的價值，對供應方用戶與第三方業者而言，價值就是接觸社群與市場的管道；對需求方用戶而言，就是取得平台創造的價值；對供應方用戶與需求方用戶而言，取得增進互動的工具與服務、提供快速媒合消費者與供應方的機制，是最有價值的。

　　因此在供應方（三種開放 API 銀行平台）的商業模式上，看到採取的模式在初期的沙盒階段，多半是 Freemium 免費增值模式，後面才進入 Premium 高級版的高級增值模式，由銀行 API 平台以間接收費的內容獲取、SaaS、內容聯賣的方式的商業模式獲利。以 API 作為收入主要來源之一的挑戰者銀行

API 平台，採用更多樣化的商業模式，除了 Freemium 免費增
值模式、Premium 高級版的高級增值模式與間接模式外，他們
更採取訂閱制與分潤機制。

在需求方用戶（也就是消費者）的商業模式上，則以銀行
API 平台較為多元與活潑，不僅採取微型支付模式，同時也採
取會員制，如花旗與 DBS。至於挑戰者銀行 API 平台則是以
微型支付為主，只有 Fidor 採取多種商業模式包括訂閱制、會
員制與按使用付費。台灣 Open API 銀行平台可能的商業模式
應為在市場發展初期，供應方用戶採取較為簡單的免費增值／
高級增值（Freemium/Premium）、間接模式、分潤模式，需求
方用戶採取微型支付與會員制。

平台業務在兩個關鍵方面有所不同，雖然它使用其核心功
能為客戶提供產品和服務，但與傳統業務不同，它還允許第
三方服務商創新者和新市場進入者接取其中一些核心功能（從
而減少進入的投資門檻），以便它們能夠建立專門創新解決方
案，以滿足未滿足的需求。並允許第三方服務商向其客戶銷售
這些創新解決方案（有時將收入的百分比作為費用），反過
來，愈來愈多的客戶吸引了更多希望從現有客戶群中受益的第
三方服務商創新者。因此，平台業務享有這種雙邊增長的好
處。平台企業創造價值的方式，則是促進外部生產者與消費者
之間的互動。因為這種外部傾向，擴大了平台效應，台灣在開
放銀行政策需要善用平台經濟的商業模式，才能真正將金融科

技的效益落實於產業之中，促進經濟成長。

依照台灣的環境而言，在金融科技目前只有銀行業者與小型的金融科技新創業者進入，大型的科技或是網路業者並未加入，真正在供應方平台的 API 業者其實是以銀行為主，主要的 API 數量是在銀行身上，首先建議銀行建立自身的銀行 API 平台，並採取下列商業方式（如下表 5-6）：

表 5-6　台灣 Open API 銀行平台可能的商業模式

	供應方用戶	需求方用戶
完全開放 API 平台	Freemium／會員制	免費模式、訂閱制
銀行 API 平台	數位沙盒採 Freemium 模式。 API 發布採訂閱制，開發人員付費。 企業級的需求採分層（Tier）付費模式。 策略合作夥伴屬於間接模式中的內容獲取（客戶數據）、SaaS、內容聯賣。	會員制模式、紅利積點、現金折扣與禮券、分潤模式。
挑戰者銀行 API 平台	數位沙盒採 Freemium 模式。 API 發布採訂閱制，開發人員付費。 企業級的需求採分層（Tier）付費模式。 策略合作夥伴屬於間接模式中的內容獲取（客戶數據）、SaaS、內容聯賣、分潤機制。	TPP 業者採取微型支付模式、分潤模式、會員經營、訂閱制。

資料來源：本研究整理（2019）

1. 完全開放 API 平台

    (1) 供應者平台商業模式（財金公司 API 平台）

        A. 沙盒機制：免費採取 Freemium 的機制，OBIE 建立了一個英國開放銀行註冊服務，TPP 業者只需要在這個註冊服務上登記，就取得英國所有支援開放銀行的存取權限，而不需要跟每一家銀行註冊或申請 API，財金公司採用此機制。

        B. 監理項目有授權申請費是一次性費用與年費，採取會員制的作法。

    (2) 需求者平台商業模式（B2C 金融科技業者或是銀行提供服務給消費者）

        A. 免費模式

        B. 訂閱模式

2. 銀行 API 平台商業模式

    (1). 供應者平台商業模式（B2B/B2B2C 銀行業者給第三方業者）

        A. 數位沙盒：Freemium 模式吸引 TPP 客戶。

        B. 正式發表 API 商業模式：

            i. API 發布與開發採訂閱制，開發人員付費。

            ii. 企業級的需求採分層（Tier）付費模式。

        C. TPP 業者採取微型支付模式：銀行從間接模式中的內容獲取（客戶數據）、SaaS、內容聯賣。

(2) 需求者平台商業模式（B2C 金融科技業者提供給消費者）

A. 銀行手續費模式

B. 會員制模式與紅利積點、現金折扣與禮券

3. 挑戰者 API 平台商業模式

(1) 供應者平台商業模式（B2B/B2B2C 金融科技業者服務銀行或消費者）

A. 數位沙盒採 Freemium 模式。

B. API 發布採訂閱制，開發人員付費。

C. 企業級的需求採分層（Tier）付費模式。

D. 策略合作夥伴屬於間接模式中的內容獲取（客戶數據）、SaaS、內容聯賣。

(2) 需求者平台商業模式（B2C 銀行業者或是第三方業者服務消費者）

A. TPP 業者採取微型支付模式。

B. 分潤模式：開戶或是導客成功會抽成。

C. TPP 業者採取會員經營、訂閱制。

綜合上述，平台企業則是在一種循環、反覆和回饋驅動（feedback-driven）的流程中，致力提升擴張中的平台生態系統的總價值。為此，平台企業有時必須補貼某類型的顧客，以求吸引另一類型的顧客，平台企業雖然可以從 B2B 的企業客

戶獲得 API 經濟效益，但是更重要的是形成生態圈，獲得終端客戶的使用，才能把平台的數位經濟效益擴大。整理對台灣在開放銀行商業模式的策略建議如下：

1. 多邊經營：不僅經營供應方平台的 API 經濟效益，除了 API 貨幣化的商業模式，更該注意間接模式的效益。同時也該注意需求方終端消費者的數位經濟商業模式，方能真正擴大效益。

2. 價值網與價值鏈的差異：台灣需要改變製造業價值鏈的思維模式，價值鏈上下游之間是零和遊戲，上下游的利潤取決於彼此的議價能力，但平台策略是用價值網的觀念，共同對顧客創造價值，因此沒有上下游的概念，而是共同分享價值。

3. 網路效益：著重正面網路效益的經營，在商業模式上應該採取適合自己平台用戶的定價模式，讓平台的效益能夠擴大，銀行也需要改變思維模式，讓自己像個科技平台業者思考，才能掌握開放銀行的商機。

4. 生態圈經營：銀行與 TPP 業者可以思考如何提供更符合消費者需求的微型零碎化的服務，並用平台業者的思維著重使用體驗與會員制經營，方能打造 API 經濟生態圈。

開放銀行不一定適合所有銀行，開放式銀行業務的成功程度取決於銀行需要做出的許多不同方面。這包括其開放式銀行

策略，考慮到現有產品組合，競爭定位和客戶群規模，以及銀行執行該策略的能力。筆者將重點放在策略的特定方面，即提供的 API 的功能豐富性以及第三方服務提供商能夠以無縫方式與這些 API 交互的程度。在這些方面，銀行的成熟程度差異很大，銀行的開放程度與銀行產品組合有關，也就是說，大銀行往往擁有更全面的 API 產品目錄，API 功能是一個更好的開放指標，而不是 API 的數量。

開放銀行初始是歐盟與英國為了改善其境內銀行機構服務效率的制度創新，以迎戰美國與中國在金融科技上的創新與領先，而其境內自 2015 年起到 2018 年間給金融業者準備期間為三年，英國強制 9 大銀行釋出一般參考資料、產品資訊與交易資料等，期間許多銀行加快自身的 Open API 平台建置，搶占市場先機，如 BBVA、Lloyds Bank、Fidor Bank、Revolut 等業者，都在事前做好了準備，並在這段期間找到可獲利的 Open API 平台的商業模式。

制度創新的引入，通常會受到路徑依賴的影響，台灣這些年引入許多新的科技，如區塊鏈、行動支付、人工智慧，都受到台灣本身的經濟發展路徑與使用文化所影響。開放銀行的引入最重要的是資料權回到客戶身上，並制訂 API 統一規格，這是一個打開產業競爭界線的機會，這是值得鼓勵的方向。因此台灣的學界認為開放銀行是重新建構台灣金融生態圈的重要機會，銀行雖然配合政策，但是只有少數銀行願意嘗試自建銀行

API 平台的規劃。台灣的金融科技缺乏真正來自科技產業的創新，因此在創新上缺乏科技創新的動能，金融科技業者又太過弱小，擁有創新的金融商品，但是缺乏經營的商業模式，因此只能與金融業者合作，販賣自身研發的產品給金融業者，在此時，寄望於金融科技業者藉由開放銀行帶來產業的轉變，是較為困難的。

至於，財金公司的 API 管理平台的確為 API 授權與資訊安全部分，提供了很大的助益，它是屬於 API 管理平台，並不具備拓展生態圈的主動能力，這是中立平台的優點也是缺點，更讓人具有想像力的是未來出現像是 Google Play 或是 App Store 的市集銀行，這樣的市集銀行創造的生態系可讓消費者接觸到高度客製化的服務，可以透過開放銀行和應用程式介面（API）使用客戶的數據，這個新的生態將會超越傳統的銀行服務，當其他金融業者提供非金融的輔助服務時，市集銀行將會讓銀行成為服務的樞紐，傳統銀行模式將會變成數據密集、以平台為基礎的市集，多家金融服務業者為客戶提供客製化的高價值產品，銀行的應用程式介面會將人們在人生階段裡需要的服務集中在一起，以促進客戶的體驗。

創新實驗室

1. 台灣目前的模式解決了什麼痛點？

2. 台灣目前開放銀行模式的問題在哪裡？

3. 台灣的開放銀行可嘗試採用哪一個商業模式？

06

演算法經濟的未來

　　演算法經濟是指透過計算做最佳決策的事業。這不意味著過去沒有透過計算做最佳決策，過去做這件事的學科稱為作業研究（Operation Research），也就是數學規劃這類，管理科學則是應用在企業決策的學科。主要的代表領域是工作指派和業務排程，專案管理和企業資源規劃都有很多需求。過去有需要計算，現在則因為數位科技蒐集資料能力變得更強，因而很多產業都普遍出現計算需求。例如：行銷演算的推薦系統、交友配對的推薦系統、投資領域的程式交易、A/B Testing，乃至遊戲產業等等，都是以演算法為基礎的經濟活動。

　　根據 John MacCormick 的 *Algorithms that Changed the Future*（中譯：《改變世界的九大演算法，經濟新潮社出版》）一書，MacCormick 列舉了影響深遠的九個演算法，分別是：搜尋引擎的索引（search engine indexing）、網頁排序（page rank）、公鑰加密（public-key cryptography）、錯誤更正碼（error-correcting codes）、模式辨識（pattern recognition，如手寫、聲音、人臉辨識等等）、資料壓縮（data compression）、資料庫（database）、數位簽章（digital signature），以及一種如果存在的話將會很了不起的偉大演算

法，並探討電腦能力的極限。

數位科技革命造成種種新興商業模式，主要是電腦算力和演算法突飛猛進，所以，未來的商業模式所牽涉到的市場，很多都將基於演算法，這就是演算法經濟。演算法帶來很多新商品和新的商機，但是演算法經濟的未來則繫於商業模式創新。

科技與其夾帶的演算法令人目眩神迷，也伴隨許許多多的迷思和誤解。如果對新興科技的了解是聽演講來的，那麼本章就有需要仔細閱讀，以免人云亦云。以前稱為資訊科技（Information Technology, IT），現在 ICT 多了一個 C（Communication），也就是通訊和傳播，ICT 全名為 Information and Communication Technology。也就是說，新興科技很大的一個特點就是通訊；解讀成傳播的話，也造就了溝通傳播的科技市場（Market for Communications）。第一個戰場就是教育採取的 e-Learning，如為人熟知的可汗與 MOOC 平台。

缺了商業模式，說得再漂亮，台灣終將回到代工與加工出口的角色。TaiwanPay 的失敗，敗在空洞的商業模式與其行銷，而不是 TaiwanPay 本身轉帳技術的優劣。PageRank 演算法會成功，在於嵌入 Google 的商業模式，而不是 PageRank 有多好。

本章介紹一些演算法，然而主要目的在釐清：一個欠缺商業模式的新興科技，最終是無法帶動產業升級，推動經濟進一步發展。

　　過去 e 化時代屬於「輸入－輸出」的反應式系統，好比網路下單後的自動化處理和學校的電子公文系統等等，它的基礎是一個大型資料庫，然後輸入既定的指令，例如：查詢，資料庫回答搜尋的結果。

　　前述 e 化時代的自動化傾向於被動反應，演算法則是主動出擊。演算法主動擷取資料庫的資料，然後演算特定結果，再依這些結果主動去執行特定的工作。例如：大型購物網站的推薦系統會根據資料倉儲的顧客消費資料，定時去分析購物偏好，把類似的消費偏好者，歸為一群，然後對他們寄發行銷資料。如果你在 Amazon 上買過幾本書，Amazon 就會根據你的購買記錄和和瀏覽記錄涵蓋的書籍屬性，產生一系列「你可能有興趣」的書單，透過電子郵件推薦給你參考。這就是演算法。

　　演算法基本上是一個數學求解流程，在大規模演算時，是一種優化（Optimization）的，基礎是作業研究（Operation Research）和數學規劃（Mathematical Programming），進階的多不勝屬，可以參考專書。第 1 節講述演算法技術，對數學覺得無趣的，可以跳過。

6.1　演算法技術篇

　　機器學習須要用演算法（Algorithm）處理資料，演算法

是一個解出特定參數的計算流程，可以分成兩類：

第一類是有公式可以帶入，例如：

二元一次方程式的解

$$ax^2 + bx + c = 0 \Rightarrow x = \frac{-b \pm \sqrt{b^2 - 4ac}}{2a}$$

線性迴歸的係數，最小平方法的公式

$$\mathbf{Y} = \mathbf{X}\boldsymbol{\beta} + \mathbf{e}$$
$$\Rightarrow \boldsymbol{\beta} = (\mathbf{X'X})^{-1}\mathbf{X'Y}$$

這一類的演算，透過代數求得的公式，等號兩端都沒有相同的變數，一翻兩瞪眼，也稱為封閉解（Closed-form Solution）。這樣的世界真美好。

第二類則是沒有一個明顯的代數公式可以用。好比要解聯立方程式，會用數值求解方法。一個例子是常用的 Gauss-Seidel 疊代運算過程（Iterative Procedure）。已知聯立方程式的矩陣型態 $\mathbf{Ax} = \mathbf{b}$，如下：

$$\mathbf{A} = \begin{bmatrix} a_{11} & a_{12} & \cdots & a_{1n} \\ a_{21} & a_{22} & \cdots & a_{2n} \\ \vdots & \vdots & \ddots & \vdots \\ a_{n1} & a_{n2} & \cdots & a_{nn} \end{bmatrix}, \quad \mathbf{x} = \begin{bmatrix} x_1 \\ x_2 \\ \vdots \\ x_n \end{bmatrix}, \quad \mathbf{b} = \begin{bmatrix} b_1 \\ b_2 \\ \vdots \\ b_n \end{bmatrix}$$

第 1 步，將矩陣 A 寫成下三角矩陣（L）和上三角（U）矩陣相加：A = L + U

$$\mathbf{L} = \begin{bmatrix} a_{11} & 0 & \cdots & 0 \\ a_{21} & a_{22} & \cdots & 0 \\ \vdots & \vdots & \ddots & \vdots \\ a_{n1} & a_{n2} & \cdots & a_{nn} \end{bmatrix}, \quad \mathbf{U} = \begin{bmatrix} a_{11} & a_{12} & \cdots & a_{1n} \\ a_{21} & a_{22} & \cdots & a_{2n} \\ \vdots & \vdots & \ddots & \vdots \\ a_{n1} & a_{n2} & \cdots & a_{nn} \end{bmatrix}$$

帶入原式：$\mathbf{Lx} + \mathbf{Ux} = \mathbf{b} \Leftrightarrow \mathbf{Lx} = \mathbf{b} - \mathbf{Ux}$

因此，未知數 x 的解是 $\mathbf{x} = \mathbf{L}^{-1} \cdot (\mathbf{b} - \mathbf{Ux})$

但是，此式等號左右都有 x，故不是一個封閉解，此時求解就可以用 k-step 的演算法求解，如：$\mathbf{x}^{k+1} = \mathbf{L}^{-1} \cdot (\mathbf{b} - \mathbf{Ux}^k)$，如下：

$$\begin{aligned} x^{k+1} &= L^{-1} \cdot (b - Ux^k) \\ &= L^{-1} \cdot b - L^{-1} \cdot Ux^k \\ &= \boxed{Tx^k + C} \end{aligned}$$

故：$\begin{aligned} T &= -L^{-1} \cdot U \\ C &= L^{-1} \cdot b \end{aligned}$

演算到 $\mathbf{x}^{k+1} \equiv \mathbf{x}^k$ 就停止

數值範例如下：

$$A = \begin{bmatrix} 16 & 3 \\ 7 & -11 \end{bmatrix}, \quad b = \begin{bmatrix} 11 \\ 13 \end{bmatrix}$$

$$L = \begin{bmatrix} 16 & 0 \\ 7 & -11 \end{bmatrix} \rightarrow L^{-1} = \begin{bmatrix} 0.0625 & 0 \\ 0.0398 & -0.0909 \end{bmatrix}$$

$$\boxed{T = \begin{bmatrix} 0 & -0.1875 \\ 0 & -0.1193 \end{bmatrix}, C = \begin{bmatrix} 0.6875 \\ -0.7443 \end{bmatrix}}$$

接下來給定起始值 x^0，就可以開始疊代運算

$$x^0 = \begin{bmatrix} 1 \\ 1 \end{bmatrix}$$

$$x^1 = \begin{bmatrix} 0 & -0.1875 \\ 0 & -0.1193 \end{bmatrix} \begin{bmatrix} 1 \\ 1 \end{bmatrix} + \begin{bmatrix} 0.6875 \\ -0.7443 \end{bmatrix} = \begin{bmatrix} 0.5000 \\ -0.8639 \end{bmatrix}$$

$$x^2 = \begin{bmatrix} 0 & -0.1875 \\ 0 & -0.1193 \end{bmatrix} \begin{bmatrix} 0.5000 \\ -0.8639 \end{bmatrix} + \begin{bmatrix} 0.6875 \\ -0.7443 \end{bmatrix} = \begin{bmatrix} 0.8494 \\ -0.6413 \end{bmatrix}$$

$$\vdots$$

$$x^7 = \begin{bmatrix} 0 & -0.1875 \\ 0 & -0.1193 \end{bmatrix} \begin{bmatrix} 0.8122 \\ -0.6650 \end{bmatrix} + \begin{bmatrix} 0.6875 \\ -0.7443 \end{bmatrix} = \begin{bmatrix} 0.8122 \\ -0.6650 \end{bmatrix}$$

上例在第 7 步停止，因為 $\mathbf{x}^7 = \mathbf{x}^6$

第二個實際範例如下：左邊 4 條方程式是聯立方程式，要解出 4 個未知數，逐條寫成右邊的模式

$$10x_1 - x_2 + 2x_3 = 6 \qquad \Rightarrow x_1 = \frac{1}{10}x_2 - \frac{1}{5}x_3 + \frac{3}{5}$$

$$-x_1 + 11x_2 - x_3 + 3x_4 = 25 \quad \Rightarrow x_2 = \frac{1}{11}x_1 + \frac{1}{11}x_2 - \frac{3}{11}x_3 + \frac{25}{11}$$

$$2x_1 - x_2 + 10x_3 - x_4 = -11 \quad \Rightarrow x_3 = -\frac{1}{5}x_1 + \frac{1}{10}x_2 + \frac{1}{10}x_4 - \frac{11}{10}$$

$$3x_2 - x_3 + 8x_4 = 15 \qquad \Rightarrow x_4 = -\frac{3}{8}x_2 + \frac{1}{8}x_3 + \frac{15}{8}$$

以 $(x_1^0, x_2^0, x_3^0, x_4^0) = (0,0,0,0)$ 為起始值（initial values）可計算出第 1 步的四個未知數，帶入右式解出第 2 步的 4 個未知數，再帶入右式解出第 2 步的 4 個未知數

$$x_1 = 0.6 \quad x_2 = 2.3272 \quad x_3 = -0.9873 \quad x_4 = 0.8789$$
$$\vdots$$
$$(x_1, x_2, x_3, x_4) = (1, 2, -1, 1)$$

最後，收斂解就會出現。

常用的演算法還有「梯度下降法」（Gradient Descent）。這種沿著梯度方向往下走的方法，也被稱為是「貪婪演算法」（Greedy Algorithm），因為它每次都朝著最斜的方向走去，企圖得到最大的下降幅度。「類神經網路」中的「反傳遞演算法」，就是一種梯度下降法。另還有「批次的梯度下降法」（Batch Gradient Descent）和「隨機梯度下降法」（Stochastic Gradient Descent）。

有些演算法是要解決資料本身的特殊問題，例如：不完全資料（incomplete data）時，學者提出 EM（Expectation-Maximization）演算法，可以在一個優化架構下，在期望值（Expectation）和極大化（Maximization）之間切換以計算模型的最佳參數。這方法時常用於估計隱藏馬可夫鏈和空間狀態變化。

另一種資料的問題是「列」觀察值少於「行」變數，從資料表講，就是「上下」少於「左右」。好比，500 個觀察值，有 1,000 個變數。這種狀況不見得是資料遺漏所造成，和資料本身的來源有關。例如：基因數據，DNA 的微陣列數據掃描

5,000-1,000 個基因組，卻只有 100 個腫瘤樣本。像這樣的數據矩陣處理會出現問題，所以另有更進階方法處理。

因為本書不希望有太技術的內容，這些方法的數學內容，就點到為止了。

據此，所謂的演算法經濟就是說廠商的市場策略，是經過對數據演算產生與執行。

6.2 演算法經濟的案例

演算法經濟的案例，典型大分類可以以區塊鏈和人工智慧為代表。我們先講一下區塊鏈。有過這樣的一個對話場景：

某甲：區塊鏈太棒了，我們剛成立區塊鏈研究中心，未來將開發各種商機。

我：你們區塊鏈的商業模式是什麼？

某甲：分散式帳本、智慧合約、去中心化……。

我：這些是技術的作業模式（operational model）。那麼請你告訴我，區塊鏈可以解決什麼問題？這被解決的問題，是不是區塊鏈技術處理的最好？

某甲：時間不夠，有時間我再告訴你。

我聽過各式各樣的區塊鏈應用，也在各種論壇看到五花八門的區塊鏈服務，好像是區塊鏈創意作文比賽。如果一個技術

只是講起來與眾不同，所謂的又酷又炫的服務，多半是一種假象。產學都會有包裝的習慣，現在講的人工智慧案例，是不是似曾相識？很多都是過去用大數據來講；區塊鏈差不多一樣。

企業經理人思考區塊鏈應用時，除了了解它的技術特色，必須把重心放在問題導向的商業模式，確定：這個問題是否必須透過區塊鏈技術解決？這個解決方案，是否可以衍生出一個市場？

最近幾家機構的區塊鏈服務上線，持續看到很多區塊鏈會帶來鉅變的言論。區塊鏈角色在何處？我做了一張圖，把一個 IT 系統由 Layer vs. Aspect 分成 2×2 矩陣，以提款機為例，Layer 1 應用層是直接接觸客戶的表層；Layer 2 執行層是 Layer 1 的運算層。Aspect 1 功能是「動詞」，如提款，Aspect 2 非功能是指修飾功能的「副詞」，例如：方便地提款。因此，區塊鏈提供的智慧合約／去中心化等 block & chain 特性，是右下角那部分：「非功能的底層」。

常常聽到很多人講區塊鏈在講 Layer 1「表層」應用那塊，覺得很詭異。創新者們天馬行空，決策者不然。必須知道在數據科技的架構之下，自己的決策環節在哪裡。

LAYERS	ASPECT 1: FUNCTIONAL	ASPECT 2: NON-FUNCTIONAL
Layer 1 Appliciation	存款 提款 轉帳 餘額查詢	美觀的 UI 良好的 UX 快速轉帳 系統有許多成員參與，例如各式金融機構
Layer 2 Implementation	？	24 小時可用 詐欺預防 資料的一致性和正確性 使用者隱私保護

　　2018 年 4 月 20 日大陸迅雷集團發表了全球首個擁有百萬級併發處理（Concurrent processing）能力的區塊鏈應用——迅雷鏈，號稱突破 Smart Contract 的限制，形成與實體經濟相結合的應用場景。基於拜占庭容錯共識演算法，迅雷鏈實現超低延遲的即時寫入和查詢；單鏈出塊速度可達秒級，而且保證強一致性無分叉，快速可靠完成上鏈請求。然而，區塊鏈的實體應用多是畫蛇添足，但是，最近的〈華為區塊鏈白皮書〉一文中的「兩大盲點」寫得很棒，尤其是「X+區塊鏈」的觀點。兩點摘要如下：

　　（盲點 1）區塊鏈等同於比特幣。實際上虛擬貨幣僅是區塊鏈的一種應用，而對於企業或政府更多在探討如何解決多交易安全問題提高商業價值，並試圖在更多的場景下釋放智慧合約和分散式帳本帶來的科技潛力。

　　（盲點 2）區塊鏈是萬能的，可取代傳統資料庫和 Internet。業界一些神話認為區塊鏈的分散式資料庫，將取代傳統的集中式資料庫。分散式帳本並不會替代也不會作為獨立資料庫，區塊鏈無法離開 Internet 和資料庫等技術，脫離這些技術將無法形成技術體系。因此，區塊鏈是「X+區塊鏈」的技術組合形態。

　　我還可以補一點：（3）區塊鏈的演算機制是密碼學，不是機器學習，也不是統計學，因此不是用來做大數據分析的，在金融科技也和資產定價無關。在金融科技的應用，有看到利用它帳本的特性，設計結算與支付系統，還有證券期貨的買賣交易。

　　智慧合約出現在許多產業應用案例上，例如：

1. 供應鏈應用上，確保商品原料抵達前的可追溯性，可以提升業務效率，降低成本。
2. 國際貿易上，利用區塊鏈的智慧合約，使簽署貿易業務之買賣契約，委託開發信用狀後之通知，交付海運提單實質型支付等自動化。
3. 地政事務，不動產所有權人的記錄。

　　科技令人目眩神迷，帶來許許多多的迷思和誤解。如果對新興科技的了解是道聽塗說來的，那麼對於決策這件事就要再三審慎。例如上面第 3 個例子，一個政府官員拿著建築所有

權證，說明在此地居住90年的老奶奶竊占他人財產，老奶奶出示的權狀被視為偽造的；一直到法院調查才發現是登錄員的疏失。這是區塊鏈社群的一個分享案例，然而卻不倫不類。誰能保證這個犯錯的登錄員不會把錯誤的資訊上鏈？鏈上沒有神仙，上鏈就一翻兩瞪眼。這種例子只會出現很多修正版本，造成上鏈無難事，鏈上無真實。被視為新冠肺炎疫情英雄的李文亮醫師，以太坊區塊鏈用戶為他樹了一個墓碑，區塊高度9432284，2020 年 2 月 7 日上鏈，任何人和政府永遠不可竄改或刪除。

　　這個世界有很多事不是如你所見，尤其是歷史。萬一上鏈的內容錯了怎麼辦？再上一個新資訊嗎？開放系統維基百科，以開放編修來維持知識條目的動態完整性。區塊鏈可以做的事比比皆是，然而，能否說明這樣做一定是最適合的？各種應用，要多少有多少。區塊鏈技術一直都在，只是到底能幹什麼，卻必須從商業模式的角度去思考。關鍵就是「解決問題」。如果沒有解決任何問題，只不過是一再重複區塊鏈「可以」做什麼，對技術的發展並不健康。關鍵在於釐清區塊鏈可以創造什麼市場，解決什麼問題？

　　基於區塊鏈衍生的商業模式，迄今只出現一個，就是比特幣。我們聽到的各式各樣應用，錦上添花的成分高於雪中送炭。沒有一個技術是用意識形態為支撐，在商業模式的思維中，我們一定要批判式地提問，例如：

如果有人說：區塊鏈可以分散式運算。

我們要問：為什麼我們需要分散式運算？分散式運算只有區塊鏈才有？

如果有人說：區塊鏈有智慧合約。

我們要問：為什麼我們需要智慧合約？智慧合約只有區塊鏈才有？

其次是人工智慧。產學都會有包裝的習慣，大概過去用大數據包裝感覺太工程宅，現在改用人工智慧成為趨勢。我們先解釋人工智慧，再看看例子。

你的文件會說話嗎？除了手機內的 AI 助理，你有用過微軟 Office 2019 嗎？這個版本最特殊的地方就是語音，可以幫你讀 Outlook 的郵件和 Word 文件。這些功能目的是以協助身心障礙者使用軟體，而且是內嵌人工智慧的，這樣，以後開會讀會議記錄、宣讀提案，都有語音助理了。上課朗讀文句時，也可以用。用過的話，歡迎來到人工智慧的世界！

社會大眾對 AI 人工智慧充滿了好奇和不安。好奇在於它有多神，不安則在於它來勢洶洶的取代性。事實上，AI 不需要去定義強或弱，那是資訊專家判斷技術發展用的，我們從兩方面認識人工智慧：

1. 自動化。自動化的發展，從過去的執行既定規則，例如：自動開門關門，漸次智慧化後，機器可以辨識環境，判

斷危險，決定開門關門。我們曾聽到捷運運輸設備夾傷人的新聞，因為機器只會執行自動化指令，主人沒有下新指令，它不會停。

2. 認知學習。也就是會自動修改錯誤，自動產生新的指令繼續優化運作。使用很多的例子就是電子郵件的垃圾信件過濾。

AI 發展迄今已達三次浪潮，約略來說，第一波是 1956-1974 年，後來進入 1974-1980 年的寒冬，後來有所謂第二波 1980-1987 年的 AI 復興，之後就是 1987-1993 年的第二次挫敗，人工智慧發展再度遇到瓶頸進入寒冬。1993-2011 年是大演算（Big computation）崛起的時期，網路與多媒體開始興盛。雖然 AI 遇到挫折，但是，此時興起的物聯網架構，醞釀了第三波人工智慧的契機。2011 年到目前算是第三波，也就是由大數據機器學習的突破性發展與深層學習所帶來的新曙光，就是辨識技術的突破：文字、聲音和影像。簡單地說，就是意義萃取的進步。機器可以從與人互動被訓練，開始學習，解讀意義並做出反應。各家手機的語音助理，Google 發展的自駕車，透過環境辨識，做出車況最佳反應，Amazon 的無人商店等等，正是這一波的代表。

Dan Brown 去年那部小說《起源》，裡面有一個語音助手和鋼鐵人的老賈一樣，都是第三階段浪潮下的重點，也就是：

「智慧驅動的自動化」與「認知學習」。但是我們必須要指出：老賈和《起源》的語音助手是這波浪潮的期望目標，不是已實現的成果。這就是第三波人工智慧的方向！

電影和小說的布局離現實還很遠，我們先看看 IBM 和 Google 的例子。IBM的人工智慧首推華生（Watson），華生在 2011 年問世，華生參加機智問答、醫療診斷和廚藝競賽等等都展現了相當的智慧。華生取用大量醫學研究論文和百萬份的臨床資料，可以參與醫師會議，為癌症診斷提供意見。華生在讀取了大量食譜後，配出一道道的菜單，讓廚師實際做出一桌料理。Google 最出名的就是由人工智慧研發團隊 DeepMind 開發的圍棋 AI AlphaGo，打敗了人類棋王震驚世界，接下來就是登上《科學》雜誌封面的AlphaZero。AlphaZero 被認為可能代表著深度學習 AI 的終極解答，根據 DeepMind 的介紹，AlphaZero 完全無須人工特徵、無須任何人類棋譜、甚至無須任何特定最佳化的通用強化學習演算法。AlphaZero 是一個「通用型」的自我學習型 AI，完全僅依靠深度神經網路和蒙地卡羅模擬搜尋的自我學習。在完全沒有輸入人類的棋譜、沒有輸入特別設計的專用計算程式的情況下，只藉著自我對弈的不斷學習。也就是說，AlphaZero 並不是去無限量地計算棋盤所有可能性，而是透過自己的深度神經網路研判，專注於小範圍的計算。這樣的「思考模式」，其實正和人類無異：呈現出一種「感覺」、「洞察」，和對局勢發展的直覺。

　　AI 智慧政府的最佳例子就是「美國政府的大數據防恐系統——阿凡達」。在 YouTube 上的介紹影片（https://youtu.be/QuFvNiBosM8），有興趣的讀者只要在 Google 搜尋關鍵字就可以看到許多相關報導。電影《倒數行動》有這麼一段情節，一位在倫敦任職的美國海關安檢專員（蜜拉喬娃維琪飾），因察覺一位由倫敦申請入境美國的案主和一場即將引爆的恐怖事件有關，不僅被恐怖分子栽贓，更遭深信的同僚背叛與誣陷。她被迫展開一場洗刷罪名的大逃亡，同時還得設法阻止這場危及全美國的恐怖攻擊。出演過 007 的皮爾斯布洛斯南在此劇演大反派，一路追殺蜜拉喬娃維琪。

　　2001 年的 911 事件之後，在外地核發入境許可以及入境把關成為國土安全的重要事項。因此，美國國家安全局（Department of Homeland Security, DHS）與 University of Arizon合作開發了一套大數據系統 AVATAR（Automated Virtual Agent for Truth Assessments in Realtime）。中譯饒舌，我們就稱之為 AVATAR，是一個即時自動偵測真假的機器人。

　　美國海關安檢過去是用孟子的方法：「聽其言也，觀其眸子，人焉廋哉？」經驗雖然寶貴，但是經驗的載體是人，在大量工作之下，人會疲勞，警覺性會下降，因此會犯錯。AVATAR 系統的工作，依靠三支感應器：紅外線掃描、影像記錄和聲紋麥克風。AVATAR 系統用感應器掃描記錄受檢人員的肢體語言和表情眼神，以及各種微細的動作，篩選出可疑人士

後，由虛擬助手機器人以英文問幾個問題，透過聲音以及回答問題時的生理變化，據此判斷出高度可疑人士之後，再由有經驗的人員接手。

資料庫基本是過去案例的影像和對話內容。AVATAR 系統逐年增長，是一個標準的成長型大數據。這套系統除了在美墨邊境海關，歐洲機場的赴美出境站也採用，包括羅馬尼亞首府 Bucharest 的主要機場。傳統的測謊器須有人在旁邊解讀訊號，AVATAR 系統則利用了機器學習的模式，稱為人工智慧偵謊器（AI Kiosk），透過大量非結構化資料的訓練提高預測準確度。美國每年出入境上千萬人，隨著時間增長，這套系統也愈訓練愈靈光。

人臉辨識應用在台灣較為普及，勉強算是 AI 的應用。例如：只要事先註冊，機場通關就可以走快速通道。不少公部門的停車場已經採用車牌辨識系統，只要外賓的車事先登記，當日就可以自動比對放行。

進一步的 AI 應用是基於預測模式，必須要用類似《倒數行動》的演算法來推算各種決策可能性。基於人權和隱私，目前台灣的公部門尚沒有往預測民眾動機的方向去布局 AI，大致只是一個升級版的 e 化。

6.3 科技取代？

不論是區塊鏈、AI，或任何演算法，基本上有 5 件與人的質性有關的事，姑且稱之為軟技術（Soft Skills），例如：人文溝通（Humanistic Communication）、創造力（Creativity）、策略思考（Strategic Thinking）、提問（Questioning），和築夢（Dreaming）等等。在演算法席捲職場後，這些能力的需求將會大增。用武俠小說的術語：演算法是外功，軟技術就是內功。一個完善的智慧政府，必要內外雙修。

人文溝通（Humanistic Communication）：如果你兒子被退學，你會希望接到演算法打電話，還是系祕書？雖然演算法在情感運算方面一直在進步，但是目前真實模擬情感互動的科技，不但離應用還有一大段距離，包括社會接受程度也尚待評估。試想，一個酒駕噩耗，應該是由誰通知親人？機器人？還是社工？一個民怨應該由活人傾聽，還是由機器人應對？因此，在演算法布局之後所節省的時間，很多由人完成的溝通工作，將可以透過細緻的學習做到更好。人文溝通的工作，無法科技外包。

批判性思考（Critical Thinking）：過去的科幻小說常有這種場景：人類詢問電腦在某種可怕的情境之下，執行某種決策的成功率。電腦給的答案往往是錯的。最典型的例子就是《鋼

鐵人 3》，拯救從空軍一號墜落的人員有 10 多位，老賈說：「你只能救個位數」，Tony 則採用手拉手的方式全救。這當然是電影，但是我喜歡這種人定勝天的譬喻。不論演算法算得多精確，我們依然需要人做最後的仲裁。在《機械公敵》中的主角 Will Smith 痛恨機器人經過計算，在一次車禍墜河的意外中，只救了他，放棄拯救落海的小女孩，因為機器人無法判斷身強體壯的 Will Smith 在水底能夠撐比較久。在諸多人性抉擇的關頭，需要批判性思考的熊心豹子膽。當代有很多例子，律師事務所採用大量的演算法處理法律文件，但是最後的仲裁者還是法官大人，而不是法官機器人。

創造力（Creativity）：電腦的特性是快，未來的量子電腦，計算速度將更勝現在千萬倍。演算法擅長於透過計算給出幾個選項（Choices），但是卻不擅於給予高品質的創意。在諸多場合，我們看到演算法可以組合食譜，為一幅圖上色。但是，演算法本身永遠無法是激勵人心的原創，雖然它可以快速搜尋激勵人心的文句。未來，任何原創力的工作會更需要人來從事。例如：作家、音樂家、企業家、發明家和藝術家等等，甚至競技的運動員，你不會想看演算法算出來的 NBA 球賽。

策略管理（Strategic Management）：在企業環境，我們漸漸看到很多自動化行銷的作法，例如：自動發出電子郵件、Amazon 的推薦系統等等，都是演算法在處理。但是別忘了，這些都只是執行命令的工具（tools）。像我們的口頭禪，「牛

牽到北京還是牛」，工具就是工具。這些工具本身無法回答所執行工作的「意義」和「關聯」，你問 Siri：「你為什麼給我這個訊息？」它只會千篇一律回答。任何需要策略思考的工作，會更屬於人類所有。在未來，策略管理將使你成為系統規劃者，演算法則是最好的執行者。所以，大數據的趨勢之下，資料科學需要育成的是「資料策略師」（Data Strategist），而不是技術型的資料工程師。政府布局演算法經濟，公務員則更需要培育做策略管理的 Data Strategist，而不是程式設計師，且 Data Strategist 則必須有科技管理的基礎素養。

願景（Vision）：為何說有夢最美？人類社會之偉大，在於生命會綿延下去，然後一代帶著願景，迎接下一代。願景不是程式，也是科技無法超越人類的地方。演算法可以幫你當保姆，但是激勵子女或築夢，就需要真的父母來完成；演算法可以幫助學習，但是無法取代透過互動給予人生觀的老師。未來寫作文，應該還是「我的父母」、「我的老師」，而不是「我的 Robot」。

最後，本章做三點結論。

首先，演算法經濟的未來世界，人類的角色在何處？人工智慧裡面有一個很有名的論述，稱為莫拉維克悖論（Morvarec's Paradox），意義大概是這樣：機器人做起來愈簡單的事，人類做起來愈困難，好比計算 54321.12345 的立方根；人類做起來愈簡單的事，機器人做起來愈困難，好比折衣

服（機器可以在你把衣服鋪好之後，進行機械式折疊）。因此，人只要繼續發揮看似簡單，卻是人所擅長的工作。若教育學習只有 STEM 和技術，被演算法取代只是早晚的問題。

其次，電影《薩利機長》中最後聽證會上有這樣一句對白，飾演機長的湯姆漢克說：「既然要檢討人的錯誤（human errors），那就必須考慮人的因素（human factor）。」因而要求電腦模擬中必須要加入時間緊急的應變，模擬中的參數是計算過的，駕駛則練習了 17 次。必須讓模擬情境反應真實，才能判斷機長當時在河上迫降的決定，是否犯了錯誤，而不是英雄。結果在調整參數之後，模擬的結果都是撞上都市建築物。

演算法不管再厲害，訓練的數據再龐大，對於「首次」發生的問題，都會無從判斷，導致嚴重的決策偏誤。也就是說，對於「第 1 次」發生的問題，必須由人來應變。也就是說：我們應當培養對首次發生問題的應變能力，並學習制訂策略與規劃執行。演算法可以依照機率做最佳判斷，但是，卻無法宏觀未來，制訂策略。

最後，自動化運行，追求的是「效率」，但是，公共事務往往需要的是「公平」。機器和人類的千年問題永遠是在「效率」與「公平」之間拉鋸，能夠在人類社會設計出公平的制度，還是得有人的思想與哲學。

以演算邏輯為智慧的社會正在醞釀成形，但是人的角色也愈發吃重，除非自己放棄。採納演算法運作的政府，也應該在

多方面做好準備。尤其是人民的問題，很多都是首次出現。對於如何判斷是否為「首次」，須有更多的經驗值才能圓滿。

 創新實驗室

演算法經濟除了令人驚豔的數學之美，也帶來不少倫理問題。可以試著思考兩個問題：

1. 在 Google 搜尋上鍵入「小朋友買點數」，會出現不少小朋友刷家長的卡買點數或遊戲儲值的新聞，2021 年初甚至有一則盜刷媽媽信用卡 30 萬的新聞。數位支付的競爭，商家用的都是「方便」付錢這種模式，案中的小朋友在詢問時也很清楚地說出填資料好簡單。對於數位化深度發展，資訊倫理教育卻是原地踏步，這就走入了經濟發展和環境保護的兩難。除了商家自律，試試看討論一下對青少年 App 的倫理行動方案。

2. 很多號稱免費的 App 其實不是真的免費（Labelled free is not really free），主要就是不知不覺地扣款。你生活經驗中有發現什麼案例嗎？

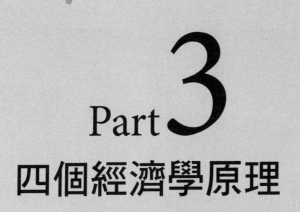

Part 3

四個經濟學原理

商業模式是管理人必須具備的觀念，一般流行的是九格畫布（Business Canvas，見下圖），但是九格畫布卻有不少問題。

嚴格上講，九格畫布是一家公司營運的專案架構，是專案管理的工作分解結構（Work Breakdown Structure, WBS），而不是商業模式。坊間甚至很多書籍把設計新產品，或把一個資訊科技的系統運作模式就稱之為商業模式。我們希望商業模式對創新有貢獻，就必須要釐清這個問題，先把商業模式的經濟學原理講清楚。就經濟學的角度，商業模式是供給需求的制度經濟學，包含了從消費者角度的定價模式和從供給者角度的創造現金流量模式。

基本上，如果我們把九格畫布視為一個營運專案，商業模式就是這個營運專案的定義。商業模式的創新之處，就是市場

失靈之處。大多數的狀況是有需求，沒有供給；如果是供給找不到需求，就較偏向創造需求。在實際案例上，兩種情況都交織產生，很難釐清。為了有助科技新創者思考市場布局，此篇將精簡介紹商業模式的經濟學原理：

創造一個市場，解決一個問題。

這句話可以分拆兩個條件來看：

1. 解決一個問題：什麼問題？供給和需求兜不起來的市場失靈問題。
2. 創造一個市場：創造一個市場結構，把供給量和需求量圈起來。

商業模式必須兩個條件都滿足，且可以長期經營，而不只是短期套薄利。發現一個商機是必要條件，不一定衍生商業模式，或許只是生產一個新商品。例如：許久以前，台灣的飲料市場缺少運動飲料，後來廠商引進運動飲料解決了夏天運動的問題。這是商機，因為飲料市場原本就在那裡，只是多了一項新產品。

第二個條件牽涉到「進入障礙」，我們在第 8 章詳細說明。簡單地說，就是這個市場可以讓競爭者沒這麼輕易就可以參與，廠商具有競爭優勢，因之可以長期經營。當然，這些都必須是合法的且自然；不是透過政府特權保護，或者是黑社會

力量阻絕競爭。

　　不是所有的商業模式，在各處都是創新。可以用「雪中送炭」或「錦上添花」來分辨。例如：行動支付在大陸或肯亞是一個商業模式創新，因為它雪中送炭；但是，在台灣就很勉強，因為行動支付在台灣比較錦上添花，台灣沒有在支付這件事情上出現市場失靈，頂多或許可以提升些微效率或無效率競爭。

　　M-Pesa 是一個肯亞的行動支付系統，肯亞的貨幣市場有市場失靈的問題，其一銀行體系提供的服務，無法滿足很多婦女的需求；其二是支付體系並不健全。M-Pesa 則以科技手段提出解決方案，科技改善了支付體系的市場運作，不但消除失靈，更提升效率。

　　資訊科技爆炸的時代，處處可見令人目眩神迷的資訊技術，其中，區塊鏈更是被對岸領導人直接點名。但是，區塊鏈是一個技術，它的商業模式迄今卻只有一個，就是「比特幣」。

　　九格畫布不是錯誤，而是欠缺一個經濟學思考的基礎。商業模式思考必須有一定的經濟學脈絡，本篇透過四個經濟學原理來協助數位科技的商業模式思考問題。對這四個經濟學原理，也盡可能精簡扼要，避免教科書式的長篇大論，對於發展商業模式的企業決策會很有幫助。第 7 章簡述商機的市場原理，第 8 章從進入障礙解釋市場結構，第 9 章介紹交易成本，第 10 章談因果經濟學。

07

商機的市場原理：
供給和需求的相遇

7.1 市場商機矩陣

我們用供需相遇的四個狀態來描述商機，如下 2×2 的商機矩陣表：

	無需求	有需求
無供給	A	B
有供給	C	D

我們必須釐清楚一個基本觀念：商機是獲利的機會，商業模式必須建立在解決商機蘊含的問題；建立在商機之上的商業行為，不一定是商業模式。例如：包租公是一種商業模式，但是去租店面營業就不能算是商業模式。賣場出租攤位是一種商業模式，因為把供給需求兜起來。

現行商機狀態可能是 B 或 C，成功設計市場運作之後，發展為狀態 D。很多的商業模式創新，始於 B 的狀態：有一群

需求無法滿足，例如 M-Pesa 案例中的肯亞婦女，科技把供給以平台形式創造出來；另一個例子是眾所周知的 AirBnB 短租需求。C 狀態的一例是無心插柳，好比 Etsy 一開始只是一群人在影片分享手工藝，事先並沒有什麼需求的問題，而是分享創造了需求。C 的另外一例子是科技帶來了新奇事物，但是需求卻只是假設，因此，廠商要解決的問題是創造需求，透過業務和行銷產生一個穩定的市場。事實上，有很多新創公司走這條路，在沒有迫切需求的情況下，供給會走得很辛苦，乃至失敗。C 狀態典型不成功的例子就是 2015 年後的共享單車；成功的例子，就是比特幣。

雖然孕育成功商業模式的商機多半是 B，C 比較接近商品創新或改良，好比新型汽車設計。然而，C 型的成功例子也比比皆是，例如：星巴克咖啡（Starbuck Coffee），營造咖啡文化從而創造出高端咖啡需求。

所謂的商業模式必須基於商機，然後廠商為商品或服務創造一個市場，把供給和需求鏈起來，產生雙贏的成功商業模式：消費者獲得消費滿足感，供給者獲得利潤。

市場經濟的價格，是由供給和需求的均衡所決定。完整地說，需求就是需求量，需求理論是說明需求量受哪些因素決定的原理。同理，供給就是供給量，供給理論是說明供給量受哪些因素決定的原理。我們先來談一談需求量。決定需求量的關鍵因素是偏好和預算。偏好決定了欲望，預算決定了購買能

力。沒有這兩者平衡，單有偏好只能導致心有餘而力不足的狀況。

　　所謂的商業模式創新務必符合經濟學基本原理：稀少性。如果滿街都是類似的模式，那就不是創新。因此，就由稀少性衍生出兩個很重要的創新原理：替代性創新和互補式創新。基本上，任何事物都有替代性。商業模式創新的經濟學原理，就廠商面，就是基於「稀少性」和「替代性」這兩個特徵。

7.2　定價問題——需求的價格彈性

　　價格彈性指的是在特定的價格水準時，需求量對於價格變動的相對反應比。具體測量是利用百分比，例如：一杯 50 元的咖啡，若漲價 10% 時（55 元一杯），需求量會流失的百分比，例如：–1.5%（流失故加上負號）。此時需求彈性就是 –1.5。一般我們用絕對值 |–1.5| = 1.5 來看，因為 >1，則在一杯 50 元的市場需求量，是富於彈性：需求量反應的百分比大於價格變動的百分比。也就是說：商家想透過漲價增加單杯咖啡獲利，卻彌補不了整體流失的需求量。這個時候，漲價無效；反過來，降價雖會減少單杯損失，卻可以因為增加幅度高，整體增加的需求量可以彌補損失（薄利多銷）。這個例子，必須注意關鍵假設：需求量對於漲價和降價的相對反應是對稱的。萬一不是，就不能類推。如果薄利沒有帶來多銷，就

慘了。接下來，正式介紹需求量的價格彈性。

如果一個廠商改變它的定價，消費者對這項商品的需求數量會隨之改變。一般在正常的情況，高售價會減少需求量；反之，低售價會增加需求量。而這種需求量對價格變化反應的增加或減少的幅度，我們稱之為彈性。完整地說，稱為需求量的價格彈性（price elasticity of quantity demanded）。定義如下：

一個用來衡量當某物品價格發生變化時，該物品需求量改變的程度。

當一個物品的需求量會隨著價格變化做相當幅度的改變時，我們稱此一物品的需求是有彈性的（elastic）。當一物品的需求量只隨著大幅價格變化做輕微的改變時，我們稱此物的需求是無彈性的（inelastic）。

經濟學家利用需求量變動的百分比除以價格變動的百分比來表示需求的價格彈性。令 P 代表價格，Q 代表需求量；價格彈性估計式如下：

$$需求的價格彈性\,(E) = \frac{需求量變動的百分比}{價格變動的百分比} = -\frac{\dfrac{\Delta Q}{Q}}{\dfrac{\Delta P}{P}}$$

$$= -\frac{\dfrac{Q_2 - Q_1}{Q}}{\dfrac{P_2 - P_1}{P}}$$

當價格變動很小時，我們可以用導數來估計。

$$-\frac{\dfrac{\Delta Q}{Q}}{\dfrac{\Delta P}{P}} \approx -\frac{\dfrac{dQ}{Q}}{\dfrac{dP}{P}}$$

經濟學家根據需求曲線彈性的絕對值，依大小將其分類：

1. 富於彈性的（elastic）：當需求彈性大於 1 時，需求曲線為有彈性；需求量的變動程度大於價格的變動。

$$\frac{\dfrac{\Delta Q}{Q}}{\dfrac{\Delta P}{P}} > 1 \Rightarrow \frac{\Delta Q}{Q} > \frac{\Delta P}{P}$$

2. 缺乏彈性的（inelastic）：當需求彈性小於 1 時，需求曲線為缺乏彈性；需求量的變動程度小於價格的變動。

$$\frac{\dfrac{\Delta Q}{Q}}{\dfrac{\Delta P}{P}} < 1 \Rightarrow \frac{\Delta Q}{Q} < \frac{\Delta P}{P}$$

3. 單一彈性（unit elasticity）：當需求彈性正好等於 1，需求曲線具有單一彈性；需求量與價格變動程度會相等而彼此沖銷。

$$\frac{\dfrac{\Delta Q}{Q}}{\dfrac{\Delta P}{P}} = 1 \Rightarrow \frac{\Delta Q}{Q} = \frac{\Delta P}{P}$$

舉一個例子：令一商品的需求函數為 $Q = 1000 - 2P^2$，此商品在 $P = 5$ 和 $P = 12$ 時的需求彈性如下：

依照公式，$E = -\dfrac{\dfrac{dQ}{Q}}{\dfrac{dP}{P}} = -\dfrac{P}{Q}\dfrac{dQ}{dP}$。從需求函數微分可知，

$\dfrac{dQ}{dP} = -4P$。

當 $P = 5$，$Q = 950$，$\dfrac{dQ}{dP} = -20$；$P = 12$，$Q = 712$，

$\dfrac{dQ}{dP} = -48$

故，當 $P = 5$ 時的需求彈性為 -0.105，當 $P = 12$ 時的需求彈性為 -0.809。

再舉一例：一飯店經理若將房間一晚的價格由新台幣 3,000 元增加為新台幣 3,500 元，會使每週的住房由 100 間減至 90 間。請問：（a）價格為新台幣 3,000 元時的需求彈性為多少？；（b）他應該調高價格嗎？

解：

(a) 需求彈性為 $-\dfrac{\dfrac{\Delta Q}{Q}}{\dfrac{\Delta P}{P}} = -\dfrac{P}{Q}\dfrac{dQ}{dP} = -\dfrac{3000}{100}\dfrac{-10}{500} = 0.6$。依照

彈性定義的說明，此點為缺乏彈性。

(b) 在房價新台幣 3,000 元時，每週營業收入為新台幣 300,000 元（3,000 × 100），調漲至 3,500 元後，每週收入為新台幣 315,000（3,500 × 90）。價格上升導致收入增加。故可以提高房價。

這一題告訴我們，所謂的缺乏彈性也就是指，當價格增加（減少）1% 時，需求量減少（增加）的幅度會低於 1%；所以，漲價可行，降價不可行。

價格上升不一定會增加收入，上題價格上升會增加收入的原因是因為需求彈性小於 1（缺乏彈性），故因價格上漲所流失的需求幅度小於上漲幅度。同理，如果需求彈性大於 1，漲價會造成營收損失。循上例，如果彈性小於 1，就代表缺乏彈性。也就是：需求量的流失百分比，小於漲價百分比。

想一想有哪些商品，可能是富於彈性的？想一想有哪些商品，可能是缺乏彈性的？但是，有一點我們必須注意，彈性是可以透過定價策略製造出來的。實務上，富於彈性的薄利多銷，可能只是潛在的消費者剩餘，不見得會實現在每次交易。舉一個例子，很多超商，會掛出第二件半價這樣的優惠，第二件半價，如果你買兩件，平均一件 75 折。如果直接打 75 折，不見得會引發消費者多買。因為消費者可能會分兩天買兩件，所以，要確定彈性發揮功能，這種買兩件（強迫增量）的定價策略就有用。

7.3　結語——商業模式的經濟學思考

　　2013 年開始荷蘭的阿姆斯特丹打造「循環城市」，從咖啡廳到整座城市將永續創新的精神實踐在生活中。但是，早在 1965 年荷蘭的阿姆斯特丹就開始實驗所謂的公共自行車，也就是現在的共享單車。公共自行車當時被稱為「白自行車」，都市規劃者收集了大量的自行車，噴成白色放在街上供民眾使用。當時沒有互聯網基礎設施，沒有專用的停車鎖和付費系統，接下來就是共享經濟的悲劇：損毀、偷竊問題不斷，這個項目最終喊停收場。

　　政府主導的效果往往欠佳，事實上，市場主導的領域較有效率，大陸的共享單車平台摩拜和 ofo 就是一個證據。然而，共享單車卻不是商業模式創新，而是互聯網商機。問題在於「共享」這個名稱嚴重誤植，其實只是「租賃業務行動化」，哪裡有共享？台灣的很多旅遊景點也都提供租車服務，從汽車到自行車都有，每個租用者都是獨享。稱為共享，比較像是商品命名。

　　政府公共自行車的失敗，與其說是政府沒效率，不如說是自行車市場原本沒有嚴重的供給需求問題，也就是說，沒有市場失靈的問題。到所謂的共享單車這個市場項目，由互聯網科技應用，發現了商機，但卻沒有商業模式的要件。因之後來百家爭鳴，瞬間成為紅海戰場，也出現很多管理上的弊病。

　　與其說是「共享」，不如說是「分享」。然而，「閒置資源分享」有沒有孕育出商業模式？我們來看一個例子，大陸有一個 App 叫做「閒魚」，如果你食衣住行各方面有閒置資源可以分租使用，就可以透過這個平台撮合供給和需求。其中很受歡迎的就是觀光區高檔酒店的分租，例如：如果你去成都出差 1 星期，住在五星酒店，其中有一個行程去峨嵋山三天兩夜，這個時候，原五星飯店的套房就閒置了，如果可以把它以市價八成租出去，就可以賺進一筆收入。閒魚 App 即可幫你找到只有三天兩夜以內的需求，然後這個 App 衍生出地區代理人幫忙打理鑰匙交付與收回事務。

　　回到前面的問題，「閒置資源分享」有沒有孕育出商業模式？筆者[1]認為「閒置資源分享是一個商機」，但是，閒魚只是一個「套利」模式，簡單地說，出差的人，占老闆便宜。而且，多數的案例遊走法律邊緣。筆者為了體驗真實性，在西安時就用閒魚 App 住進美國人開的五星酒店，有一手的體驗。閒置資源分享是一種商機，但是如果沒有創造一個市場，解決一個需求問題，就沒有可長期經營的商業模式。

　　金融科技的成功是最典型市場失靈的商機案例，其中成功的案例就是行動支付。行動支付的老大哥是 PayPal。

1　本書作者何宗武。

創新實驗室

1. 檢視一下台灣目前有多少的行動支付,做一個轉帳服務的供給需求分析。

2. 如何用價格彈性解釋便利超商的「第二件半價」的定價行為?

08

市場結構

8.1　市場結構的原理

競爭是一件很重要的事，經濟學對於競爭的分析是建立在市場結構（market structure）[1]的架構。市場結構是類似所得分布的故事，只不過是特定商品供給者市場占有率（集中度）的分布狀況。例如：礦泉水 A 市占率 20%，礦泉水 B 市占率 12%。經濟學先從建立兩種極端狀況開始：完全競爭和獨占。完全競爭（Perfect Competition）就是市場上有很多很多買家和賣家，彼此競價交易，從而市場出現一個均衡價格，且所有的市場參與者都是價格接受者（Price Taker），誰都沒有能力影響價格。不管誰生產的，商品幾乎是一樣的。

獨占（Monopoly）則完全相反，整個市場只有一個賣家供應商品，這個獨占者是價格制訂者（Price Maker），有充分能力影響價格。這兩種是理論光譜上的極端，除了計畫經濟之下的國營企業，純粹的獨占者幾乎沒有實際案例；純粹的完全

1　關本章，可參考 Scherer F. M and Ross David（1990）. *Industrial Market Structure and Economic Performance*, 3rd ed. Boston: Houghton Mifflin Company.

競爭亦然。現實生活是往中間靠，就出現兩種：獨占性競爭和寡占。整體上，可以用一個光譜圖表示，如下：

完全競爭　　獨占性競爭　　　寡占　　　　獨占

　　獨占性競爭（Monopolistic Competition）具有獨占和完全競爭的狀況。特徵在於：商品供給者和完全競爭一樣很多，但是這些廠商能夠從事商品差異化競爭（Product Differentiation）。也就是說，市場銷售的商品雖類似，卻有廠商個別的差異性。例如：較好的服務、令人喜好的包裝或品牌；所以，廠商具有一定的定價能力。以數位內容為主的傳媒產業具有此項特徵，服裝業也有這特徵。即便進入服裝業很簡單，但是，設計師的品牌優勢，是無法複製的。

　　寡占（Oligopoly）更靠近獨占，少量的大供應商占據市場。一般經濟學教科書多半以石油輸出國家巨頭為例。然而事實上的例子還不少，好比航空公司。寡占者彼此互相依賴，因此，容易產生勾結，例如：協議定價剝削消費者。

　　除了市場結構的競爭，我們要介紹數位經濟商業模式一個很重要的競爭型態，可能出現在各種市場結構，就是序列競爭（Serial Competition）。序列競爭指的是競爭者彼此像排隊買票一樣，前後排序，排第一的就是市場上有具備絕對支配力的

廠商。看起來像獨占式競爭，但是，然而，這個絕對支配力並不代表其餘的廠商都是弱雞，它們排在後面伺機而動，隨時把現存的老大給做掉。是不是很像黑社會？事實上，軟體業就具有這樣的特性。例如：Netscape 是最早的瀏覽器，也是當時的市場支配者，但是被後起之秀 IE 取而代之，甚至後來的 Google Chrome。現在的瀏覽器市場，依然很多，如 Firefox、Brave 等等。這些雖然都是小老弟，但是只要 Chrome 一個不注意，隨時就會被取代。也就是說，序列競爭產生的贏家是序列獨占[2]（Serial Monopoly）。

　　序列競爭是數位商品市場的特徵，原因在於數位產品會要求相容性（Compatibility），相容性問題來自一個重要的特徵——網路外部性（Network Externalities）。網路外部性在文獻上的一個好例子就是傳真機，如果這個世界上只有一個人有傳真機，第二個買家除非是他的朋友，不然，但第二台傳真機很難找到買主。也就是說，傳真機市場占有率的擴大，是消費者增加所造成。因此，關鍵多數（Critical Mass）就成了重要指標。也就是說，只要達到關鍵多數，就會發揮網路外部性，自動擴大市場占有率。這解釋了為什麼 Google、FB 這些平台的使用不用錢，但是個個 CEO 卻都是大富豪，因為他們依賴網路外部性擴張，據此就可以向廣告商收費。市場上，類似

2　Liebowitz Stan J. and Margolis S. E.（2001）. *Winners, Losers & Microsoft-Competition and Antitrust in High Technology*. The Independent Institute.

FB 的交友平台也不少，FB 看似序列第一，但是，虎視眈眈者在後，什麼時候被淘汰都不知道。

　　基於網路外部性設計商業模式，就是目前平台經濟的經濟學原理。完全符合我們的商業模式定義：創造一個市場，解決一個問題。整個序列競爭，都在等前面大哥的地盤出現問題，只要能敏銳觀察到問題，並提出解決方案，內化網路外部性，就有可能成為大哥的取代者。

　　我們的目的不在依照產業經濟學理論進行分類，也沒有必要。只要掌握一個有助於商業模式的經濟學原理——進入障礙（Barriers to entry）。芝加哥大學經濟學家 George Stigler[3] 指出，進入障礙可以理解為打算進入某一產業的企業而非已有企業所必須承擔的一種額外的生產成本。進入障礙的高低，既反映了市場內已有企業優勢的大小，也反映了新進入企業所遇障礙的大小。可以說，進入障礙的高低是影響該產業市場壟斷和競爭關係的一個重要因素，同時也是對市場結構的直接反映。

　　進入障礙是影響市場結構的重要因素，是指產業內既存企業對於潛在進入企業和剛剛進入這個產業的新企業所具有的某種優勢的相對程度。換言之，是指潛在進入企業和新企業若與既存企業競爭可能遇到的種種不利因素。進入障礙具有保護產業內已有企業的作用，也是潛在進入者成為現實進入者時必須

3　Stigler George（1968）. *The Organization of Industry*. Homewood, IL: Richard D. Irwin.

首先克服的困難。

8.2 廠商的競爭優勢

廠商的競爭優勢在於是否形成有效的障礙。形成進入障礙
（barriers to entry）的原因很多，我們介紹三個：

8.2.1 規模經濟

由規模經濟（Economies of Scale）形成的進入障礙。企業
在取得一定市場占有率前，不能以最低成本生產。單位產品成
本最低時的最小最佳規模（單位生產成本最低時的最小產量）
占市場規模（產業需求量）比重很大的產業，往往集中度很
高，也是壟斷程度較高的產業。新企業的進入不僅需要大量的
投資和較高的起始規模，而且難於站穩腳跟。

最早描述規模經濟的人是著作《國富論》的亞當・史密斯
（Adam Smith, 1723-1790）。他描述一家大頭針工廠作業的情
況，提出專業分工的觀念：第一個人將鐵絲拉長，另一個人專
作鐵絲拉直，第三個人負責切段，第四個人負責削尖，第五個
人專司研究尖頂的工作，好和釘頭接合，再加上接合、漂白，
大頭針的釘頭就需要好多程序。亞當・史密斯估計這樣工作讓
十個人分工合作，每天可生產近五萬根大頭針，平均每個人每
天的生產量為 5,000 根；若是完全交由一個人來做，每天只能

生產 1 到 20 根不等的數量，十個人最多生產 200 根。這段敘述也就是專業分工理論的基礎。英國為了感念亞當·史密斯對經濟學的貢獻，將他的頭像印在 2007 年發行的二十元英鎊的背面。

8.2.2　範疇經濟

企業的範疇經濟（Economies of Scope）是多角化經營能夠創造價值的最主要原因之一。範疇經濟描述這種現象：若一家廠商生產兩種（或以上）產品，其成本低於兩家廠商分開個別生產時的成本。這可以用來衡量生產者面對多樣化的產出時，聯合生產是否比較具有經濟效益，即是否適合多角化經營。所以範疇經濟可以說是產品多樣化增加了經濟效率，即廠商在生產不同的產品時，若出現成本遞減的現象，則就可稱之為範疇經濟。傳統製造業中，廠商如果專業生產一種產品，雖然可精緻產出，但是機器設備等生產要素會有較高的機會成本，也就是閒置。所以，生產要素若發揮範疇經濟，可以分散產品市場風險。例如：一台紡織業機器，如果只能生產泳裝，那夏天結束生意也就結束了；一個廚師，如果只會蛋炒飯，餐廳的營運風險就會增加。

數位化經濟，普遍都是範疇經濟的現象。一個多功能軟體，往往可以排版、除錯字，還可以編輯圖檔等等，這都是數位化經濟的特徵。軟體功能整合，將帶來更大的經濟效率，就

是一個很關鍵的趨勢。當然,功能整合不一定是「數大就是美」;過度整合可能會適得其反,實務上都必須評估。

另外,範疇經濟的特徵也可能促成廠商的購併。例如:某學校的學生餐廳的自助餐、套餐與飲料是由三家不同的廠商提供,如果同時生產這三種產品具備範疇經濟,則隱含著某一家廠商若將另兩家併購,將可享有平均成本降低的好處。

範疇經濟跟規模經濟有何差別?簡單地說,兩者的共同點是「長期平均成本下降」,關鍵差別在於,規模經濟的長期平均成本下降是隨著生產「多量」產品而遞減;範疇經濟的長期平均成本下降是隨著生產「多樣」產品而遞減。

8.2.3 產品差異性形成的進入障礙

產品差異對企業產品的銷路和市場占有率有很大的影響,當由產品差異(設計、廣告等)形成的成本對新廠商更高時,產品差異才成為進入障礙。消費者對差異化產品的心理上的認同感頗深。對於原有企業來說,它們在廣告宣傳上只保持原有的力度或稍加改變即可,無須花費巨額的支出。但對於新企業,萬事需從頭做起,在解決了設計和製造方面的難點之後,還要想方法使公眾相信新企業的產品與眾不同,這無疑要比原有企業花費更多的廣告和設計費用。例如:在汽車和家用電器產業裡,原有企業建立了區域性或全國性的推銷網和服務網,新企業要建立與之相匹敵的系統不是一朝一夕能做到的。因此

原有企業的產品差異程度便成為一道進入障礙。

8.3 結語——商業模式的經濟學思考

商業模式重述一次：創造一個市場，解決一個問題。所謂的市場，講的就是廠商優勢的市場結構。也就是，創造一個具有進入障礙的市場。如果創造一個低進入障礙的市場，那就不容易形成成功的商業模式，最多只是套利模式。如果廠商能夠創造一個具有進入障礙的市場，來解決需求的問題，這就會是商業模式。軟體的訂閱制（Subscription）是一個商業模式，它的進入障礙在於產品差異性和規模經濟。Adobe 採用訂閱制之後，不但獲利持續增長，股價也翻倍在飆。數學方程式輸入軟體 MathType（http://www.wiris.com/en/solutions）也是採用訂閱制，創造高營收。軟體訂閱制確立了供給需求的數量和市場價格（定價），也就是廠商獲得收益（incoming revenues）的管道。

因此，能夠了解進入障礙之下衍生的需求問題，就能夠思考如何創造一個市場，解決這個供需問題。市場結構的思路就在藍海策略。也就是說，如何有什麼方法能夠讓你創造的市場與眾不同？或者讓競爭者沒有那麼容易模仿而進入你的市場與你廝殺？是否有市場的進入障礙？或者自己的優勢在何處？以 M-Pesa 為例，它的原生公司是肯亞電信業，類似台灣的中華

電信,所以,M-Pesa 有很好的系統優勢。

　　Netflix 是提供影音內容的平台商,2020 年 2 月股價約 350 美元上下,Netflix 只有訂閱收入一種,卻創造了極大的規模。2017 第 4 季的新增訂閱會員破 8 百萬人,美國網路尖峰時段的 1/3 流量由 Netflix 創造,至 2018 年初的統計,Netflix 登錄的會員人數有 1 千 2 百萬人,來自全世界 50 個國家;這些會員的一天收視,超過 1 千萬小時的電視電影節目。Netflix 的決策問題在於:過去,沒有人知道誰想看什麼,沒人知道製作出來的內容有沒有人要看。當然,有能力蒐集大規模數據的 Netflix,就是要解決這問題。讓網路播放平台內容的供給,銜接全世界的需求個體戶。很多人討論 Netflix 的商業模式,就本章所談的進入障礙,Netflix 的商業模式其實並不算太成功。因為技術雖然有很高的沉沒成本,但是只能阻絕小競爭者,當迪士尼開始滿足 Netflix 的市場需求時,Netflix 的市場優勢或許就不在了。對於 Netflix 而言,它應該要思考如何鞏固訂閱會員,才能保有市場。技術產生的規模經濟,可以成為部分競爭者的障礙,但是,一旦微軟、亞馬遜這種技術底子雄厚的企業進場,就很難保有市場優勢。一個無法保有市場優勢策略管理,自然不是太好的商業模式。當然,一切都正在上演,我們可以持續觀察。

創新實驗室

1. 台灣行動支付的市場結構是傾向完全競爭還是寡占？

2. 檢視台灣行動支付市場結構的進入障礙有哪些？

09

交易成本

9.1　交易成本原理

交易成本（Transaction cost）的觀念是諾貝爾經濟紀念獎得主 Ronald Coase 於 1937 年所提出[1]，它描述一個重要的觀念：**完成市場交易所須要的非生產性成本**。例如：搜尋成本、資訊成本和協商成本等等。交易成本成了制度經濟學的基礎，因為衍生的基本原理就是：制度或經濟組織是為了克服交易成本而存在。舉一個例子，如果你要買麵包，是會去街上說：「我要買一個 50 元的菠蘿麵包」，還是走進麵包店？麵包店就是公司，也就是經濟組織。換句話說，如果你要賣麵包，是要開麵包店？還是在街上喊著賣？雖然我們看到很多攤販和街頭藝人；但是，這畢竟不是市場的形式，而是市集。2008 年金融海嘯時，美國很多街上都有技工在舉牌詢問誰要修東西，這是因為金融海嘯引發的經濟衰退，使得市場機制崩潰。

再一個例子，一個想要學醫的人，是要進學校的醫學院，還是去街上喊價，看誰願意用 5 萬元收你為徒？抬槓的槓精

1　Coase, Ronald（1937）. The Nature of the Firm. *Economica*. Blackwell Publishing. 4（16）：386–405. doi:10.1111/j.1468-0335.1937.tb00002.x

也許會說：去街上沒什麼不好呀！但是，這會衍生出品質不確定的資訊成本問題，要過濾出現的人不是騙子，交易成本會很高。進醫學院比較有保障，不會衍生出能力的認證問題。學校就是一個幫助克服交易成本的經濟組織。Coase 於 1937 年的大作，正式提出廠商理論，用交易成本解釋了使用市場完成交易的侷限，以及為什麼廠商會出現。

Coase 在論文中指出農業時代多半是個體戶，個體間單純的交易可以透過市場完成。但是，當進入專業分工的時代，交易多到成為一個生產鏈時，就會導致不確定性增加，進而產生市場交易成本，例如：原料供應商臨時抬高售價。如果交易成本過高，企業就會考慮聘任相關人員，乃至成立公司以契約方式正式約定交易關係。舉例來說，某個原本每日可生產 100 箱蘋果的農家，有一天突然收到 1,000 箱的訂單。如果他要接這樁生意，就必須在市場上尋找是否有 9 位農家願意各供應他 100 箱（搜尋成本）。如果找到了，還要與他們協商價格（談判成本）以及訂定契約（契約成本），並且妥善安排為了品質而發生的監督成本與契約執行成本。

資訊科技降低市場交易成本。物聯網的出現，除了促使企業內部的生產營運成本下降之外，也降低了資訊的成本。因為商業流程標準化與國際認證的普及，得以降低搜尋與溝通成本，甚至成立長期合作的供應鏈關係。公開市場評價機制則更進一步減少了機會主義與不對稱資訊的問題。

交易成本理論的表現形式有很多,例如:資訊成本、執行成本等等。

指出資訊不對稱(Information Asymmetry)帶來的資訊成本,會使得想交易的雙方有障礙。有兩個主要的類型:

1. 訂約當事人自己的資訊不對稱,也就是代理人理論(Agency Theory)。這裡解釋了為什麼需要律師、會計師和房屋仲介這些組織,一般人面對法律條文時,有一個法律顧問會好很多。

2. 訂約當事人與第三方的資訊不對稱,也就是不完全契約問題(Incomplete Contract)。

在此,交易成本經濟學在於如何克服契約完成後的投機行為,若第三者履行義務時,面臨舉證困難的問題時,就會需要可靠的承諾及自動執行承諾。就經濟學而言,財產權(Property Right)界定了個人使用稀少性資源的地位,落實財產權的工具就是契約,契約定義了經濟活動的組成與實行方式。因此,交易成本經濟學的第一個主題,即是研究交易成本如何影響契約形式。

執行(Enforcement)與監督(Monitor)的成本若太高,會導致產權結構的改變,因此特定的產權關係反映了這種成本。例如:奴隸和主人的契約關係,因為監督成本高,奴隸會有享有某種自由;考試的監督成本太高,學生作弊或不念書的

選擇就會存在；工作監督成本高的話，就會採用按件計酬的勞工合約。

交易成本理論也指出很多發展問題，例如：當「交易成本」和「不確定性」很高時，非專業化常常往返了某種型式的保險（Insurance），因為當專業化程度很高時，對制度降低不確定性（例如：改革）的需求就會很高。

從交易成本理論來思考，台北市捷運的東區地下街由忠孝復興到忠孝敦化那一段，為什麼沒有太多商機？應該如何活化？

9.2　制度經濟學

以交易成本為基礎的制度而言，就稱為新制度經濟學派，其中經濟史學家 Douglas North[2] 的研究很具代表性。制度對經濟活動的影響，在於對商品生產與交換的交易成本。制度降低經濟活動中的交易成本，因為制度提供一種行為規範。North 將制度定義為：型塑人際互動的遊戲規則。他認為：制度變遷決定了社會演化的方向，也是了解經濟發展的關鍵。對 North 而言，制度可以分成兩類限制條件：

2　North, D.（1990）. *Institutions, Institutional Change and Economic Performance.* Cambridge: Cambridge University Press. doi:10.1017/ CBO9780511808678.

1. 形式限制（Formal Constraints）：例如：司法體系、訴訟制度等成文體制。

2. 非形式限制（Informal Constraints）：例如：文化、習俗、信仰等等。

　　人類在理性與計算能力皆有限的情況之下，制度的兩種限制能夠降低人類互動的不確定性，或交易成本。任何的產權關係的背後，皆有這兩種限制的互動。

　　新制度經濟學派的核心問題在於「社會如何藉由共識，解決經濟活動中的合作問題。」也就是說，作為遊戲規則的經濟制度，在於改善人與人之間的合作（Cooperation）。

　　新制度經濟學派用關係契約（Relational Contract）解釋在一個不確定性的世界中，人與人的合作如何達成。在不同的情況之下，關係契約是由種種的治理結構（Governance Structure）來管理與組織。這種治理結構則是直接或間接地經由經濟個體合作所完成，因此，新制度學派的重心在於研究「哪一種制度設計（安排）是理性的，或具有效率的」。

　　當企業組織內的運作的交易成本太高時，經濟組織就會出現重組來克服交易成本，好比水平整合或垂直整合。因此，我們可以解釋為什麼政黨會分裂、集團會分家，乃至計程車會滿街亂跑。

　　North 的制度經濟學進一步提出兩個行為假說，North 說

他的制度理論是建立在下面兩個行為假說，再加上一個交易成本理論。這兩個行為假說和主流的效用極大化的行為假說不一樣，對於商業模式的思考很有啟發。他認為，一個個體的經濟選擇很大程度和「動機」與「解讀環境」有關，如下：

其一，動機（Motivation）。North 認為理性選擇的效用極大化模型，對於解釋人類行為困難重重，例如：立法者的投票行為。動機把個人經濟行為或選擇的理由，賦予文化的意義。也是說，某人選擇某種消費模式，不必然是追求效用極大。以台灣的素食業為例，宗教動機（主要是佛教）遠高於環保動機。要說明為什麼一個人吃素，宗教動機有比較大的涵蓋面。為什麼猶他州的菸酒咖啡消費比其它州還要低？摩門教的力量應該可以解釋很多。青少年很容易學習抽菸喝酒，很大原因是同儕影響，一種為了和大家在一起的動機，不見得帶來什麼極大消費滿足感。

其二，解讀環境（Deciphering the Environment）。一個人選擇去做某些事，很大一部分在於個人受特定情境的吸引，好比，排隊買美食、熬夜排演唱會等等。從眾（Herd）或羊群效果部分說明這種現象，因為解讀環境不一定是人云亦云，人做我跟做。

位於台北公館很出名的車輪餅，是因為東西好吃，顧客為了追求效用極大而在排隊買吃的嗎？如果真的是因為食品本

身，那生產者應該有誘因去擴大經營規模。根據未查證的轉述，老闆過去曾經用自行車載著車輪餅去復興南路、辛亥路附近販賣，但是生意沒有太好就結束了。饒河街夜市有一間生意很好的牛肉麵攤，很賺錢，老闆後來在攤位旁邊租了兩層樓，結果生意不如預期，繼續回到小桌子的攤位。1994 年左右，美國猶他州的鹽湖城有一個美國人開賣中式料理，賣青島啤酒，第一週生意很好，第二週轉清淡，第三週變冷清，一個半月後結束營業。後經筆者查訪，中國料理卻是由美國廚師所做，是一個致命傷，顧客嘗鮮可以，事後覺得不道地，幾乎沒有回頭客。類似的消費文化，也出現在日本料理、法國餐等等。消費者對消費環境的解讀，具有相當的影響力。當然，義式 Pizza 已經是一個理性化的商品，不需要文化包裝。

9.3　結語——商業模式的經濟學思考

我們再重複一下商業模式：創造一個市場，解決一個問題。交易成本問題，會是一個數位時代商業模式的中心。一個交易成本很高的市場，往往也是市場失靈很嚴重的地方。如果可以解決交易成本導致的交易障礙，應該是一個不錯的商機。如果我們把交易成本視為一座高牆，牆後面就是一堆嗷嗷待哺的需求。整理一下，交易成本的具體形式有：搜尋成本、資訊成本、協商成本、組織成本等等。

Google 這個科技巨頭的成功，很大一部分就是它的搜尋引擎降低了網路使用者的搜尋成本。在沒有 Google 之前，Market for Information 很被渴望，但是沒有一家網路業者能夠充分地提供解決方案，直到 Google 的 PageRank 演算法，爾後的商業模式應該有兩條思路：一是對搜尋引擎使用者收費，二是對導入的海量使用者加值，向廣告商收費。最後我們看到的就是把現金流定位成廣告收益。

再來就是 Uber。對需要叫車卻叫不到車的人，和有車可以供給運送服務卻閒置的車主，就是載運市場的失靈。這從叫不到計程車開始，Uber 觸發了一連串以科技作為市場失靈的解決方案。

對精準行銷而言，成功地了解消費者偏好，就是銷售成功的一半。「為什麼消費者會買這些東西」，基本上就是探索他的消費動機。大數據行銷或者是演算法行銷，透過數據演算建立一種推薦系統。在推薦系統進入行銷之前，盲目採用 email 亂槍打鳥是多數業者的方法。時至今日，我們還是看到很多透過 email 的病毒式行銷，即便做了消費者行為研究，這塊領域仍然還有極大的發展空間。Madsbjerg 的 *Sensemaking* 一書，十分強調「認識消費者」這件文化事，他不認為透過和對象疏離的遠距數據，能夠算出什麼價值。此書對商品著眼的重心也就是本章的兩個經濟行為假設：消費者的消費動機和解譯環境。以書內例子，駕駛人需要怎樣的一部汽車？內裝豪華且高

科技？當然不是，如果失去對在地文化的觀察，用美國人眼光設計的汽車，無法融入其它國家需求。此書中譯《演算法下的行銷優勢》十分拙劣，書籍不是在講演算法，而是意義建構。消費者的動機和對環境的解釋，就是意義建構（Sense-Making）。

最後，我們來看看大陸的電商巨頭阿里巴巴（天貓商城）和京東購物。有些研究報告以商業模式比較：京東有自己垂直整合的一條龍物流系統，阿里巴巴則是投資物流業，讓物流與自己有一個長期契約。本書講到交易成本和組織形式這裡，這個差異很明顯，只是兩家廠商追求成本最低的管理模式，不是商業模式。

創新實驗室

1. 如果把金融科技想成一個制度，想一想交易成本對商業模式的關鍵在哪裡？組織安排？還是契約內涵？
2. 數位轉型克服什麼樣的交易成本？或說：不轉型面臨怎樣的交易成本？

10

因果經濟學簡說

　　思考商業模式離不開因果關係，如同大禹治水，要解決一個問題，就要就果尋因。因果經濟學其實不算是經濟理論的一環，講起來應該算是經濟學知識論的哲學層次。但是它在商業模式創新思考上，卻扮演了重要的角色。因為對很多問題的觀察，如果把「果」錯誤的判斷為「因」，甚至把問題弄錯對象，任何解決方案都無用。也就說，忽略內生性的影響，會弄錯問題對象，接下來的決策乃至商業模式都會錯。解釋因果之前，我們先認識函數（function）：

　　函數的形式，是分析問題的重要一個工具。以 $y = f(x)$ 這樣的形式，表示出了兩個變數的對應關係，f 就是函數。在財務、經濟、管理的學科扮演了一個理論建構的基礎。一個被思考或被研究的對象就是問題，在函數中的位置就是 y，如果你對特定的現象問為什麼，那個現象就是 y。好比蘋果為什麼從樹上落下？答案就是 x，$x \rightarrow y$ 兩者之間建立的數學關係就是函數 f。

類型	y	x
1	應變數	自變數
2	依賴變數	獨立變數
3	內生變數	外生變數
4	果	因
5	被解釋變數	解釋變數
6	產出	投入

　　上表對應類型的前 3 個是比較傾向數學形式的稱呼，後面則是從事問題思考時，常常利用的邏輯架構。事實上，就整個行為學科所謂的理論，就是解釋：問題 y 的變化，和哪些因素 x 的變化有關。例如：了解資產報酬率受哪些因素所決定，就是資產定價理論；資產報酬率是 y，哪些因素就是 x。了解消費變化受哪些因素所決定，就是消費理論；消費變化是 y，哪些因素就是 x。學者研究的成果，可寫成以函數表示的理論，例如：

　　消費理論的恆常所得假說，認為消費由恆常所得所決定，可以表示成：

　　消費 $= f$（恆常所得）

　　資本資產定價，認為權益報酬率由風險因子所決定，可以

表示成：

權益報酬率 ＝ f（風險因子）

　　各種知識多是在解說 x 的內容。學術研究的成果，則告訴我們為什麼恆常所得會影響消費？如何影響？風險因子有哪些？如何決定報酬率等等。同時也提供真實世界的數據給予某種程度的佐證，這些都牽涉到 f 的運算方式。一言以蔽之，學習利用函數型態掌握問題的形式，是開始訓練因果分析的第一步。

　　上表的第 4 項是因果關係，此處我們必須要弄清楚，這是一個理論上的預設位置。也就是說，如果我們能事先知道誰是「因」誰是「果」，那麼是「果」的就放在 y，是「因」的就放在 x。到了經驗世界，我們可能會放錯，所以產生了因果經濟學。一言以蔽之，內生性就是「雞生蛋 vs. 蛋生雞」這類問題，經濟問題中，無處不在，如：所得決定消費，消費也影響所得。

　　因果關係是計量經濟學處理的問題，因為當我們邏輯上弄錯了，資料就會放錯，接下來所有的決策都會是錯的。因果經濟分析就好比大禹治水，水患是問題，也就是 y；必須從源頭找「因」，方能治水。所以，醫生治病的關鍵在正確找出「病因 x」，方能對症下藥（解決問題 y）。

　　在商業模式中，如果觀察的問題弄錯了對象，技術再好都

無用。

10.1 經濟計量方法之兩性問題

經濟計量方法是依照經濟理論,對資料進行實證分析。基本上,資料分析有兩個關鍵問題,筆者稱為兩性問題:異質性和內生性。異質性導致參數相關程度的判斷失真,內生性導致因果的判斷不正確。本節解說異質性,次節透過範例說明內生性。

異質性簡單地說,假設一個隨機變數 y,統計分析會將之寫成:

$$Y = a + e$$

a 稱為截距,可以理解為 Y 的平均數(可以寫成 $\bar{Y}$),e 稱為剩餘或殘差,因為

$$Y - \bar{Y} = e$$

所以根據統計學的公式,e^2 的平均數(期望值),就是變異數

$$E(Y - \bar{Y})^2 = Ee^2$$

異質變異就是說,依照這公式計算的變異數,不是固定常

數。承此例,若隨機變數 Y 記錄了 5 千個人的每月薪資,我們從這 5 千人之中,隨機抽樣多次(樣本),每次取 300 人(觀察值)。如果這多次抽樣計算的變異數不同,我們就說 Y 這個變數具有異質變異的特性。

異質變異出現會有什麼問題?如果資料有異質性,那麼你對這筆資料的統計分析容易過於顯著,也就是說:本來不相關的變數,會變得很相關。以此例來說,容易誤以為一個 Y 的平均數可以顯著地代表所有的資料。

在迴歸的例子,如果我們對資料配適一條如下的迴歸方程式,也就是透過資料估計係數 a 和 b:

$$Y = a + b \cdot X + e$$

這個斜截式的線性關係中,e 就是 Y 不被 $a + b \cdot X + e$ 解釋的部分。如果殘差具有異質變異,我們容易估計出統計上過於顯著的 b,也就是 Y 和 X 相關性被高估。遇到這種問題,當然必須修正。計量經濟學者對修正異質變異有很多作法,貢獻最大的應該是已故的 UCSD 經濟系教授 Halbert White;在諸多軟體提供的 White 修正就是基於他的一系列研究。

內生性呢?循上述方程式,統計上的內生性是指 X 和 e 產生相關。X 和 e 兩者間不應該有關係嗎?當然!因為,e 是 Y 的一部分,X 和 Y 關係完全反應在 bX 之中,所以剩餘的 e 不應該和 X 有關。統計上,可以這樣解釋問題:

對上式兩方做共變數運算

$$\mathrm{cov}(Y,X) = \mathrm{cov}(a,X) + b\,\mathrm{cov}(X,X) + \mathrm{cov}(e,X)$$
$$\because \mathrm{cov}(a,X) = 0$$
$$\Rightarrow \mathrm{cov}(Y,X) = b\,\mathrm{cov}(X,X) + \mathrm{cov}(e,X)$$
$$\Rightarrow b = \frac{\mathrm{cov}(Y,X)}{\mathrm{cov}(X,X)} - \frac{\mathrm{cov}(e,X)}{\mathrm{cov}(X,X)}$$

原本最小平方方法估計的 b 是 $\dfrac{\mathrm{cov}(Y,X)}{\mathrm{cov}(X,X)}$，這樣就說明係數估計有了偏誤項 $-\dfrac{\mathrm{cov}(e,X)}{\mathrm{cov}(X,X)}$。這意味著，$X \leftrightarrow Y$ 可能互為因果，或 X 有部分是 Y 造成的，乃至變數位置錯誤。

種種臆測都須透過資料分析來確認，確認因果關係涉及到複雜的反事實推論，反事實推論是說，如果我發現一個 x 導致 y 的現況，要確認因果，必須確認「如果沒有 x，y 會如何」。好比說，老王的癌症是某位師父摸頭治好的，那麼，萬一師父沒有摸頭，會如何？「萬一師父沒有摸頭」這個事件，就是反事實，「如何」就是推論。這超出本書的範圍，下一節我們將透過內生性的案例來學習因果經濟學的思考。

10.2　都是內生性惹的禍

1. 某汽車公司發現，根據去年資料，廣告支出和銷售成正相關，相關係數為 0.75。也就是，廣告支出增加 1 單位，汽

車銷售增加 0.75 單位。公司高層對此滿意，因此決議增加行銷預算 1 倍，以拉抬銷售。

這個案例的內生性問題在於是否存在第三變數，導致廣告支出和銷售互相影響。精準地說，廣告支出和銷售同時均受第三個變數影響。例如：景氣大好，廣告只是搭了大環境的順風車；是否競爭對手的車子出了問題，導致消費者沒有太多選擇。要釐清銷售數字確實受廣告影響的程度，必須知道：如果沒有刊登廣告的話，銷售數字有多少。這就是反事實推論，我們無法搭時光機去做實驗，因此就需要在目前的現實中，用實驗設計確認因果推論。

上面這個例子並非無厘頭，事實上，醫學文獻指出黃酮醇能夠提升認知功能，透過動物實驗證實了攝取黃酮醇有助學習。美國哥倫比亞大學醫學院一位醫師，2012 年刊登一篇論文在知名學術期刊 *New England Journal of Medicine*，指出巧克力含有豐富的黃酮醇，他執行了一個以多個國家為樣本的迴歸：國家得諾貝爾獎的人次（Y），和巧克力消費量（X）。統計上的正相關指出：只要這國家吃愈多巧克力，諾貝爾獎得獎人數也會愈多。更有趣的是，論文對此指出了數值關係：每位國民一年多攝取 400 公克的巧克力，該國諾貝爾獎得獎人數就會增加 1 人。有一些關聯只是一種「有助的定性狀態」，定量後的數值顯的不倫不類。無獨有偶，這個一年多攝取 400 公

克巧克力可以製造導致諾貝爾獎人數的數字，讓我想到中國的國家發改委社會發展研究所所長楊宜勇。他在 2012 年 8 月發表一篇文章，指出：中華民族復興指數，2010 年為 62.74%，2012 年底增加為 65.30%。這個小數 0.74% 是什麼意思？

巧克力關聯其實只是第 3 變數造成連動。因為巧克力是休閒食品當中的奢侈品，當一個國家的人能吃著玩，應該是相當富裕。富裕的國家投入較多的教育和科研經費，導致更多的頂級研究出現，應該才是因果關係。

2. 大學經濟學教科書幾乎槍口一致地指出「政府干預」是市場失靈的原因，政府對廠商的管制導致許多負外部性，以及許許多多的地下經濟。教科書都會列舉很多國家血淋淋的例子，說政府干預，如何和市場失靈和經濟不振同時存在。同時存在是一個現象，然而，政府干預是市場失靈的因，還是果？

經濟學家 Pinotti（2012）[1] 指出，這個相關性隱含的因果關係恰恰相反：是民眾擔心市場失靈有害經濟造成福利損失，因而透過選票要求政府管制經濟活動。Pinotti 利用「信任」當作「擔心」的代理變數，用計量方法證明了信任差異解釋了很多管制差異。他舉出進一步的統計證據：

1　Pinotti, P.（2012）Trust, *Regulation, and Market Failures. Review of Economics and Statistics*, 94（3），650-658.

一旦控制了信任這個變數，市場失靈作為 Y，不再能被政府管制 X 所解釋，政府管制和不良的經濟表現也不再具有統計相關。

3. 從上市公司資料中看出，把公司分兩群：一群有取得信用評等，一群沒有取得信用評等。從這兩群公司的負債／權益比率來看，取得信用評等公司的平均負債／權益比率，高於沒有取得的一群。因此，信用評等工具導致上市公司多舉債，或發行較多的公司債。

Tang（2009）[2] 對這個問題作了內生性處理，發現相反的證據：不是因為信用評等導致公司有誘因去舉債，反而是因為公司因為有較高的負債／權益比，為了讓市場投資人安心，所以去取得信用評等。因果關係剛剛好不是如一般的合理認知。

在內生性之下，所謂的基於常識的「合理懷疑」其實都不那麼合理了。在錯綜複雜數位的經濟環境，要做出正確的決策並不容易。

10.3　結語──商業模式的經濟學思考

如同大禹治水一般，如果要解決一個問題，必須「就果尋

---

2 Tang, T. T.（2009）Information Asymmetry and Firms' Credit Market Access: Evidence from Moody's Credit Rating Format Refinement. *Journal of Financial Economics*, 93, 325-351.

因」，所以商業模式的思考離不開因果關係。因為很重要，續談商業模式之前，再重複一下，商業模式就是：創造一個市場，解決一個問題。

我們先看樂高積木從失敗到成功的例子。樂高英文名LEGO，來自兩個丹麥字「leg godt」，意思是「玩得好」。二次世界大戰，金屬全都被拿去生產武器，木製玩具的生意因此比家具還好賺。因此當時業界流傳一句話：有兩樣東西來自丹麥，帶給全世界兒童快樂，一是安徒生童話，二是樂高。樂高的成功可見一斑。

1990 年開始，樂高開始進行多角化經營，內容包括主題樂園、電動玩具、兒童服飾等等。2003 年樂高面臨企業危機，業績掉了三成，2004 年再掉一成。負的現金流量加上債務，公司極可能面臨破產。樂高委託當時盛行的各種數據研究找原因，所有的大小數據分析皆指出相同結論：未來的數位世代，將對樂高的拼裝玩具失去耐性，以及興趣。2003 年以前就出現危機端倪，樂高的作法和福特汽車一樣，透過市場調查和數據分析，設計各式各樣的新產品，但是卻無法挽回流失的市場。

後來樂高的起死回生，因為找到原因之後，依照原因設計「遊戲化」的商業模式，簡單地說，就是把積木組裝變得更複雜，充滿挑戰性。顧客不再只是消費者，而是接下挑戰書的玩家。這種商業模式，前面有介紹過，就是遊戲化

（Gamification）。面對樂高，顧客不是因為沒耐心，而是現行積木拼法，難度太低，無法挑戰青少年成就感。因果關係弄錯了，自然解決方案也不會正確。市場對樂高產品失去興趣的原因在於缺少遊戲元素，且這個遊戲元素須要充滿挑戰性。樂高成功後，接著進入說故事擴張階段，利用迷你人偶拍攝《旋風忍者》影集，連播九季，大受歡迎。再來就是少女市場，生產吸引少女的公仔和主題。2014 年推出的《樂高電影》，全球票房大賣，帶動樂高大賣。2014 這一年，樂高成為世界最大的玩具公司。

簡單地說，樂高的商業模式就是「遊戲化」，再賦予各種故事內容，增加趣味性和挑戰性。種種關鍵都必須建立在正確的「因果關係」，找到樂高對青少年失去吸引力的正確原因，才會引導正確的決策。這種因果探索，機器學習、統計或人工智慧，都派不上用場；解決問題的人必須具有大量內生性案例的因果思考訓練，這是一種重要的經濟學原理。

創新實驗室

1. 《國家為什麼失敗》一書的推薦序是台大經濟系林明仁教授撰寫，請閱讀這篇序，認識工具變數的意義與內生性問題。

❷. 根據星巴克數據分析[3] 指出大陸北上廣深四個都市，外送咖啡以拿鐵最多。這樣的數據發現，有什麼問題？或者說，有什麼決策含義？

❸. 下圖取材自香港金融局的金融科技報告第二章。指出銀行金融科技應用程度的經濟效果：增加獲利，降低成本。請回答兩個問題：

問題一、如果你是企業，科技公司來做簡報，你會心動嗎？Why？

問題二、如果你是科技公司去對企業作簡報，你能說服自己嗎？Why？

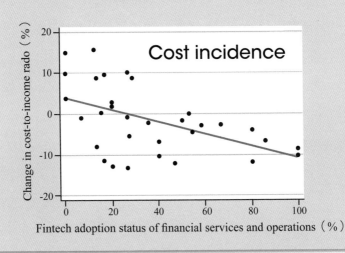

---

3 https://tw.news.yahoo.com/星巴克外送分析出爐-北上廣深最愛喝-拿鐵-110047593.html 或可搜尋關鍵字：「星巴克外送分析出爐 北上廣深最愛喝拿鐵」。

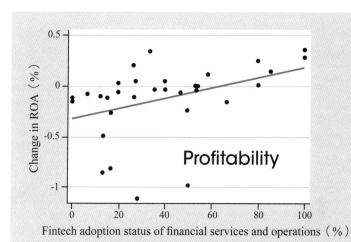

Fintech adoption status of financial services and operations（%）

4. 下表是上圖的統計迴歸，如果你對迴歸不生疏，請問迴歸正相關的結果是否能說明「如果採用金融科技愈多，則銀行愈賺錢？」

Estimated effects of Fintech adoption on banks' performance

VARIABLES	(1) ΔCost-to-income ratio	(2) ΔROA
Fintech adoption status	−0.167*** （0.002）	0.005** （0.030）
Log assets	2.652** （0.044）	0.029 （0.553）
Deposits-to-assets ratio	−0.218* （0.052）	−0.005 （0.374）

VARIABLES	(1) ΔCost-to-income ratio	(2) ΔROA
Loans-to-assets ratio	0.110 （0.418）	0.005 （0.419）
Dummy variable for retail bank	5.475 （0.146）	0.113 （0.645）
Constant	−5.095 （0.491）	−0.476 （0.103）
Observations	33	33
R^2	0.498	0.199

Robust p-value in parentheses

*** $p<0.01$, ** $p<0.05$, * $p<0.1$

後記

台灣行動支付的未來在哪裡？[1]

　　台灣目前使用率最高、發展最悠久或是未來最有潛力的行動支付，幾乎都與 PayPal、支付寶等國外的行動支付的演進過程、推廣補貼方式、使用場域等如出一轍。台灣推廣統一規格 QR Code 的 TWQR 領先日本、新加坡、印度等國家，有主要兩個問題，一是作為統一規格 QR Code，想要效法 Visa 與 MasterCard 等信用卡組織，但是並未有完整的清算機制，因此不同支付工具如發生消費糾紛，必須透過銀行與電支、電票業者自行處理，也因為如此，電子支付與電子票證業者始終沒有加入。二是在市場行銷上無法給民眾清晰的品牌印象，因為財金公司偕同銀行推出統一規格 QR Code，又同時委託台灣行動支付公司推出台灣 Pay App，提供給不自建 App 的金融業者使用，其它電子支付業者便覺得政府帶頭影響行動支付市場的市占率，不願意加入 TWQR，因此目前台灣的行動支付規格百花齊放的情形仍未看到改善，形成金融業者使用 TWQR 的規格，但是行動支付業者仍然維持自己的規格，然而這些行動支

1　後記節錄自謝佳真論文。
　　謝佳真（2020），臺灣行動支付是不可能的任務嗎？——商業模式創新的看法，臺灣師範大學，臺北市。

323

付業者才是民眾經常在日常生活中使用的支付 App，目前來看台灣的行動支付並未有創新的商業模式出現。

就前文所述，商業模式指的是市場，一個商業模式創新，涉及創造一個市場，解決一個問題。PayPal 結合 eBay，解決的是線上支付的問題。M-Pesa 利用基礎電信功能發展行動支付，解決的是國家的金融安全和便利性的問題。支付寶是解決國家幅員遼闊、券幣使用真實性及方便性的問題。由此可見，在金融發展相對落後或不發達的國家，都存在著金融排斥的問題，而行動支付在其上幾乎都能發揮一定的效用，替代實體現金收付的基本金融功能。然而台灣的金融安全性及便利性高，金融排斥的狀況不嚴重，早期資金若有周轉需求，無法透過金融體系借貸的也可以以傳統起會和跟會的方式募資自助。就銀行局於 108 年 12 月底止的統計，台灣境內的銀行、外國銀行在台分行、農漁會、信用合作社等貨幣機構，總計 371 家，再加上中華郵政公司的儲匯處，共計 372 家，分支機構總數共計 5,882 家，其中中華郵政公司的儲匯單位伴隨郵政功能，幾乎遍布全台各鄉鎮，分支機構共計 1,298 家，以台灣有 368 個鄉鎮市區的數量計算，沒有中國大陸金融機構空白鄉鎮的問題，在行動支付需要解決的民生金融收付問題方面，恐有英雄無用武之地之憾。所以在台灣這個已經很成熟的支付環境下，用智慧型手機作為支付工具，必須具備支付之外的功能，才能提高行動支付對使用者的附加價值。就本文資料蒐集或文獻參考的

過程中發現，台灣的行動支付相關資料並無類似於 PayPal、M-Pesa、支付寶等，對國內的民生或金融找到了必須要急切解決的問題。我們的狀況比較像是跟隨著政府的法令開放及政策推廣，「成立一家公司，學習複製國外成功的模式，搶占國內行動支付市場」，所以並沒有商業模式創新，其本質仍是支付，只是換個方式刷卡或轉帳，提供支付體系更多樣的選擇而已。

台灣行動支付業者的現況

講到此處，我們不禁要問：為什麼金融科技帶來的都是一片紅海戰場？

LinePay 和街口支付發展成台灣兩大行動支付的巨頭，都在為爭取更多用戶和更多店家，在市場展開支付大戰。全聯的 PX Pay 推廣初期就是拿預算換市占率和下載率，光是門市和個人的推廣獎勵，員工的行銷獎金就發了 5,000 萬，加上其它投資，總計破億，這還不包含補貼給消費者的部分。

行動支付平台業者所採取的推廣補貼方式不外乎二種：

1. 補貼店家：針對議價力強（市占率高、知名品牌、通路多等）的店家，以其使用行動支付的手續費率優惠的方式作為店家補貼，以增加支付環境中支援支付場域的商店數

量。

2. 回饋使用者：通常是在使用者下載或消費使用時，以贈送點數或消費折扣的形式回饋給使用者，並結合店家優惠促銷活動，以拉抬使用者的數量。

《平台經濟模式》一書中提到，網路效應、價格效應、品牌效應都是驅動市場成長的工具。創新公司若只以市占率為衡量企業成功與否的唯一指標，認為快速壯大以創造其它競爭者無法超越的競爭門檻而一味以折扣補貼甚至免費的方式來吸引使用者，雖然有短暫的效果，但如果優惠折扣停止，或有其它平台祭出更優惠的方案出現時，價格效應就消失了，使用者有了補貼的預期，一旦取消優惠補貼，反而就是一種變相驅趕使用者的效果。

杜宏毅博士在支付作業的價值（The Vale of Payment Process）中就分析了支付在整個商業作業中所扮演的角色與價值。其中也預言了幾件事：

1. 在台灣單一的支付服務如果以收手續費作為主要營收來源（Fee-based Business Model），是無法撐得起一家公司、無法賺錢的。根據銀行局統計，專營的電子支付機構中，2018 年橘子支付申請增資 1 億元，2019 年 3 月底橘子支付又申請增資 2 億元，連續兩年共增資 3 億元；街口支付則在 2019 年於 2 月和 4 月申請增資了兩次，一次是現

金增資 1 億元，一次是增資 3 億元，2019 年共增資 4 億元。銀行局表示，因為依照規定，電子支付機構若虧損占資本額的 1/2，就要進行增資。各業者為搶攻市占率，增加使用者數量以達到規模經濟，也為了獲取大量消費者的數據，作為未來發展數據分析變成可獲利的業務，並以客戶行為分析的情報而達到相對精準的行銷目的，所以在一開始都以大量行銷預算吸引民眾使用，費用的支出速度可以用燒錢來形容。電子支付收入來源主要是手續費收入、廣告收入，而行銷費用過高，導致虧損，所以必須增資。2019 年 5 家專營的電支公司，實收資本額分別為簡單支付 10.8 億元、歐付寶 10 億元、街口支付 9.1 億元、橘子支付 8 億元、國際連 5.01 億元，但依照其各家財報，目前 5 家專營電子支付都是虧損[2]。歐付寶和街口支付分別在 2019 年及 2020 年減資，配合營運計畫調整資本結構以彌補虧損。

2. 電子支付是將原有的支付市場，從傳統的支付模式轉換成電子支付，其中所儉省的成本不會落入提供電子之服務的公司手中。一來是因為服務提供者（店家）不願意將省下來的成本分給支付單位，二來是因為消費者不願意額外支付手續費給其所使用的支付平台，反而還會因為哪家支付

---

2 國內 5 家專營電子支付全部虧錢,街口支付今年增資 4 億元，檢自 https://www.ettoday.net/news/20190528/1454868.htm#ixzz6FXiFwCKc（20200302）

平台的回饋或補貼而影響其選擇使用與否。最後，其實是因為支付的市場若非是從根本的商業模式創新，僅僅只因為支付工具的轉換，那將不會有巨大的擴展。

3. 電子支付是配角，是一個重要的配角，是一個影響消費習慣的配角。但是，配角所獲得的掌聲不會多過主角。這個配角，必須搭配一個主角演出故事的主軸，才會真正的獲利賺錢，而主角就是創新的商業模式。

布雷特·金恩（Brett King）在 *Bank 4.0* 一書中說到，新興數位錢包市場規劃的初衷就是普惠性、進入門檻低與即時性，會讓用戶走向豐富的體驗、很低的使用障礙和很少的實體載具。而現今支付市場的用戶在智慧型手機的持有及其軟硬體使用的應用程式都具備一定的水準，載具方便多元、功能齊備強大，所以使用障礙和多載具的問題較少、即時性較高。就此看來，各家支付平台競爭的重點就會是其提供普惠性和豐富體驗的差異度。然而，台灣目前各家支付平台使用的介面和提供的功能其實不外乎支付、轉帳、收款、叫車、繳費、點餐，在普惠性功能或用途的本質沒有太大差異性的情況下，只有操作介面的升級競爭。就因為如此，對消費者來說，選擇的彈性就大，考量的不外乎就是使用哪家的支付比較划算而已。可以預期的是，如果支付業務再繼續以各家各一 Pay 的方式推出，各自擁兵為重，未來說不定會出現一個支付入口網站，幫忙使用

者比較在各店家使用何種支付平台相對有利或優惠較多的比價平台，就像為了整合國內外各家多元行動支付的硬體設備而出現的「雲端 POS 機」一樣，雖可支援多種支付工具和信用卡支付，但節省的就僅是硬體放置空間，並無法處理競爭激烈、實體無法整合的眾多支付平台支付，需要一一各自簽約才能整合於機器使用的問題。

就以上所述，考量到國情與市場結構、各式軟硬體設備基礎建設的完整性及金融支付演化過程及成熟普遍度的不同，我們或許可以借鏡它國，但不應該一股腦地複製貼上，才能在這行動支付的紅海之中嘗試或衝撞出一條最適合台灣自己的路線。

台灣行動支付商業模式經濟學思考

交易成本的影響微乎其微

交易成本，是指完成一筆交易時，交易雙方在買賣前後所產生的各種與此交易相關的成本。包含了尋找最適交易對象及尋找交易目標物的搜尋成本、交易雙方為買賣而進行談判與協商的協議成本、簽訂契約所產生的訂約成本、簽訂契約後監督對方是否確實依契約執行的監督成本，還有對方違約時另行支出協助其補救而激勵使其最終能履行契約的執行成本。

　　本文將交易成本說明定位在簡單的收付行為，排除一般契約的協議成本、訂約成本、監督成本，也就是討論在交易時款項支付的難易便利程度。在台灣就一般現金支付及行動支付而言，對消費者來說交易成本差異並不大，差別只是在結帳時選擇刷卡、付現或者是行動支付的出示手機付款。在店家方面其實也沒有太大的成本差異，雖然收付現金會有計算和結帳的人力成本，但就像早期信用卡消費支付比現金支付要再另外多收額外費用的情形一樣，行動支付也還要支付平台手續費及延遲入帳的費用成本和時間成本，利潤被侵蝕只能當薄利多銷或是提高消費者在平台搜尋觸及率的另一種廣告效果。相較起來店家老闆或許會比較享受點數現金的愉悅感，現金在手的效用也可能比較高。在方便的金融工具及服務下，現在即使沒帶銀行提款卡，銀行也有提供事前申請就可以使用的無卡提款服務，在每個人身上幾乎都持有現金或信用卡，或者是即使沒帶現金，到隔壁或附近的銀行或便利商店都能領到錢的情況下，在台灣使用現金消費從來都不是問題，在交易時款項支付一點都不麻煩，只是消費者選擇哪種支付方式是自己比較習慣的或對自己比較有利而已。不像南非有 70% 無法使用銀行服務的民眾需要花費一整個月的薪水再加上舟車勞頓才能到達銀行，現金的交易成本相當高昂，所以當然選擇行動支付，因為就貨幣的支付功能而言，使用現金和行動支付達到的目的和結果是一樣的，而其行動支付的交易成本相對較低。

　　台灣的支付環境在選擇現金支付或行動支付時，以交易成本的面向來說，就沒有像非洲肯亞的存在的巨大差異，反而在使用行動支付的情形下，可能還會比現金或塑膠貨幣（信用卡、金融卡）支付額外產生尋找使用者的交易成本及促進使用者增加使用頻率而補貼的執行成本，行動支付在交易成本的考量下，似乎較為不利。

　　然而值得注意的是，誠如 WEF 報告中所說，基於消費慣性及安全感，大多數客戶不考慮打破現有的付款制度，而繼續在已經習慣而且信任的制度下消費、付款，這就符合了道格拉斯‧諾斯（Douglass C.North）的路徑依賴理論（Path Dependenc）。就像物理學上的慣性一樣，人們選擇了一種方式消費付款，慣性的力量會讓人們繼續保持原本的消費支付習慣。比如承襲英文打字機而來的 QWERTY 型的電腦鍵盤，雖然相對新的鍵盤發明來說是無效率的（約下降 30%），但多年來已經讓使用者習慣成自然了，所以依然繼續被多數市場使用者採用，而且看起來短期內大家並不打算改變。現今台灣的支付系統長年來也以現金和信用卡（塑膠貨幣）為主，行動支付是否能突破路徑依賴，降低可能發生的交易成本，避免用燒錢買市場，而被鎖定在無效率補貼的惡性循環情況之下，將是發展的重要課題，產業最終還是會回歸到面對被檢視如何獲利的問題。

固定資本的形成太少

　　生產要素有土地、資本和勞動力。固定資本的形成是指在一定期間內買入、移入或自己生產出來供自己使用的固定資產及存貨的變動，不用於當期消費，可再生而且可以持續使用於生產過程中達一年以上生產財的獲得（扣掉二手貨銷售）。固定資本包括有形固定資本、無形固定資本、附著在土地及其它非生產資產上的資本，固定資本投資是經濟增長的主要推動力。然而產業鏈間的垂直或水平的正向連動投資造成資本的形成效用將更大，而且持續更久。例如因為 M-Pesa 而發展的太陽能公司 M-Kopa，就是一個例子。M-Kopa 靠著 M-Pesa 的支付功能而向農民收取到太陽能發電板的 30 美元押金及每天 0.45 美元的租金，並且在租用滿一年後退還全數押金，所以應該可以說 M-Pesa 創造了另一個發電產業，間接點亮了肯亞農民的夜間生活，改善教育學習狀況和生活品質。M-Farm 是一個農產市場價格的報價 App，能讓農民以支付一則簡訊的費用就能即時獲得銷售和購買的價格，大幅減少資訊蒐集的交易成本。還有可以透過以平時存小錢，生病時可以有錢看醫生的訴求，由手機預付卡存錢看病的服務。更甚者，因為支付在食衣住行育樂的各方面發展，讓科技業也隨之起飛，科技人才著手研發、創業，人力資本的增加，是另一項重要的無形資產。

　　在台灣，支付平台是資訊服務業，固定資產的投入主要會

是資訊設備，因為基礎設施完整、電力的取得不困難、民眾有全民健康保險、網路資訊取得容易、科技業發達，目前並未觀察到行動支付對台灣人民在食衣住行育樂有產業間中長期投資增加的誘因或促進產業升級的經濟成長現象。就因為固定資本形成是著眼在一年以上的投資，所以著重在中長期的經濟成長，如果只是一年或一年以下的投資，那就只會是短期的刺激消費，暫時性的擴張也就有如電光石火一般一閃而過，很快就會消失。

代工的商業文化

台灣一直是以代工聞名，代工文化深深影響著經濟發展的模式。工廠依對方業主或廠商的訴求將已經被設計好或被設定的成品以最有效率、最低成本的方式產出來創造收益。由於代工的角色在產業經濟的活動中占有相當的重要性，早期的代工是偏向勞力密集的製造業，像成衣業的代工、芭比娃娃的代工等。隨著勞力成本的提高及中國大陸或東南亞的市場開放，過去的勞力密集代工產業在失去競爭力的情況下部分轉向「更高級」的代工角色發展，像電子產品、高級運動休閒產品、國際級 3D 動畫等。在 2014 年的國際商情周刊中指出，台灣前 5,000 大製造業從事專業（委託）代工（Original Equipment Manufacturer, OEM）及原廠委託設計代工（Original Design

Manufactures, ODM）將近八成[3]，產業至今尚未擺脫代工主導發展的生態，根據被動接收客戶端的訊息，而沒有掌握核心技術，較擅長處理依樣畫葫蘆的大量生產複製方法，代工低毛利的特性，很容易進入價格競爭的窘境。

　　代工是利用購買方的銷售通路和品牌優勢結合供給方的設備、原料、技術和資金所造成的競爭優勢生存，但其實就是買方選定生產產品委託賣方依照原樣大量生產。台灣長久在代工的商業環境下，對於在既有的模式或商品大量生產的發展方式駕輕就熟，如法炮製地跟進許多商品，是「別人做得很成功，我們也來做做看」的概念。以代工為核心的產業文化，要提供市場上未被滿足的需求而提供創新，實屬不易。像 1990 年代台灣葡式蛋塔的迅速興起和急速衰退的蛋塔效應、後來巨蛋麵包的超高人氣、先前的夾娃娃機風潮到最近的 UberEat 的外送平台的零工經濟，主要是因為科技的進步讓訊息傳遞更有效率，讓這些平台能快速地將其商業運作的架構複製到各地。UberEats 台灣區總經理李佳穎表示：「有部分是因業者逐漸精通這塊市場，找到營運上的優化方式，讓經營更有效率，開發了市場潛能。」[4] 外送電商平台主要的三個角色：店家、消費者、外送員，影響了交易平台的客單數和收益。說服店家加入

3　許世函（Jan.22.-Feb.18, 2014），代工不落伍，隱形冠軍默默賺，經貿透視雙周刊，385 期。

4　黃家慧（2018 年 10 月 9 日），瞄準快速擴張的外送市場，各路外送電商攻台搶食大餅，今周刊。

平台，以高客戶流量平台吸引店家買單加入，讓店家將抽成當作廣告費，以賺取其他客戶更多的收入、外送平台透過不定期推出優惠折扣方案來吸引消費者、用獎勵制度鼓勵外送員自我提升接單量。這和行動支付的發展模式，如出一轍。新型態的架構被一窩蜂大量複製，短時間進入市場的競爭者愈來愈多，讓民眾增加了在多品牌之間的選擇，但當消費者的新鮮感隨著時間降低時，若無法創新求變，產業的末路就會浮現，最好的例子就是外送平台「誠實蜜蜂」在 2019 年 6 月底的倒閉，其原因之一就是急速擴張和補貼戰[5]。

結論

　　最後，根據 2016 年 VISA 委託 Moody's Analytics 的電子支付研究報告，電子支付對全球 70 個市場經濟成長影響的結果[6] 如下：在台灣的部分，電子支付的使用為台灣經濟增加 18.7 億美元（約新台幣 617 億元）、GDP 平均增加 0.09%。在工作機會方面，2011 年～2015 年間，電子支付使用率的提升，平均每年為台灣創造了 9,980 個工作機會。該報告是把信用卡當成是行動支付的基礎來類推行動支付衍生的交易，進而

5　外送平台「誠實蜜蜂」黯然停止在台營運，總部員工爆：公司已呈現空轉狀態，檢自 https://buzzorange.com/techorange/2019/07/01/honestbee-in-tw/（20200330）

6　The Impact of Electronic Payments on Economic Growth.

推算出相關成長的數字。但行動支付未必皆綁定信用卡，信用卡與行動支付互為替代品，類推的作法並不能完全解釋是因為經濟成長推動行動支付，抑或是行動支付促進經濟成長及就業增加，如果只是改變支付的「介質」，而沒有其它的外部因素，那結果就像只是在供給需求線的價量上移動的點，對實質GDP的增加可能沒有幫助。

貨幣是社會生產發展的自然產品，是一種作為一般等價物的特殊商品，其主要提供三種功能：度量價值、價值儲藏和作為交換媒介。因此從理論上來說，除去傳統的金本位的前提，任一種商品只要擁有作為一般等價物品的資格，都可以作為支付工具。

國泰世華銀行副總鄭有欽說：「客戶不會因為支付去消費，卻會因為消費來選擇支付（工具）！」2020年底電支管理新法通過，未來電支業者不但可以跨通路使用，除了買東西，還可以搭公車捷運，買賣小額外幣、基金以及轉帳，就如同一家「微型銀行」。也就是說涵蓋之前已有 8 家電支業者，包括街口支付、悠遊卡以及愛金卡等，遠鑫已取得電支執照，但尚未營運，電商蝦皮則獲得核可，全聯、全家也正在申請[7]。場景和用戶成為電支業者的優勢，台灣大型零售通路跨入金融成為新的趨勢，全家將跟玉山銀行在去年 12 月成立一

7　馬自明（2021），買完菜順便買基金　全聯、全家對決銀行圈掀風暴。台北市：商業周刊。

家資本額 5 億元「全盈支付」[8]，是國內首例銀行跟非金融業者共同設立電支機構。在實體通路進入之後，是否創造新的商業模式需要再觀察，如果實體通路業者可以結合農業、食品業加上物聯網形成較高的固定資本投入創造出行動支付帶來的新商業模式，則會有不同的發展，若只是支付方式的取代，則不會創造太多整體經濟的商業利潤價值。

如同百貨公司、開架書店或量販店提供了一個空間或場域的概念一樣，行動支付也是提供了一個平台，讓店家、各式商品陳列其上，任君選擇，這看似不同的支付方式，其實屬於引入學習，是代理策略的一種，而不是新的商業模式。有商業模式的，一定來自某種商機。但是，商機不一定衍生出成功的商業模式。很多商機衍生出來的只是一種「套利模式」，最終造成市場重分配，並沒有創造出新的商業模式。商機是獲利的機會，商業模式必須建立在商機，但是建立在商機之上的商業行為，不一定是商業模式。何宗武教授也提到商業模式創新的經濟學原理是「創造一個市場，解決一個問題」，創造一個把供給和需求兜起來的市場，解決一個市場失靈的問題。No trouble no business，一旦市場失靈，商業模式創新的機會就會出現。伊隆・馬斯克（Elon Musk）所提及的第一原理的概念，是將問題的核心回溯到構成要件，回到設計的原理，先探

---

8 高敬原（2021），全家結盟玉山成立「全盈支付」搶進電支市場，到底號稱「閹割版純網銀」的魅力在哪？台北市：數位時代。

討某項設計原先想達到什麼目的[9]，其實也就是想解決什麼樣的問題。

結合金融服務、增加資訊分析能力、提高行動支付的發展彈性、跳脫補貼的惡性競爭，讓行動支付的發展重點並非支付本身，而是在於擴大支付的相關加值應用服務，讓每次的支付活動，轉為誘發下次交易的開始，如此才有可能讓使用的雙方產生良性循環。台灣的網路規模不夠大，是封閉循環系統，各種支付方式的便利性高，如果找不出屬於台灣自己行動支付需要解決的問題而創新發展出新的商業模式，那行動支付就只會是各種支付方式中錦上添花的一員而已。

9　King Brett（2019），*Bank 4.0.* 中譯本：金融常在，銀行不再。台北市：財團法人台灣金融研訓院。

國家圖書館出版品預行編目資料

數位創新：商業模式經濟學 / 何宗武, 薛
丹琦, 謝佳真著. -- 初版. -- 臺北市：五
南圖書出版股份有限公司, 2021.06
　面；　公分
ISBN 978-986-522-749-4（平裝）
1.商業管理 2.數位科技 3.電子商務 4.個
案研究
494.1　　　　　　　　110006807

1FAJ

數位創新：商業模式經濟學

作　　　者－何宗武、薛丹琦、謝佳真
編 輯 主 編－張毓芬
責 任 編 輯－唐　筠
文 字 校 對－黃志誠、許馨尹
封 面 設 計－姚孝慈
內 文 排 版－張淑貞
發 　行 　者－五南圖書出版股份有限公司
發 　行 　人－楊榮川
總 　經 　理－楊士清
總 　編 　輯－楊秀麗
地　　　址：106 台北市大安區和平東路 2 段 339 號 4
電　　　話：(02)2705-5066
傳　　　真：(02)2706-6100
網　　　址：https://www.wunan.com.tw/
電 子 郵 件：wunan@wunan.com.tw
劃 撥 帳 號：01068953
戶　　　名：五南圖書出版股份有限公司
法 律 顧 問　林勝安律師
出 版 日 期　2021 年 6 月初版一刷
　　　　　　2025 年 1 月初版四刷
定　　　價　新臺幣 450 元

經典永恆·名著常在

五十週年的獻禮——經典名著文庫

五南，五十年了，半個世紀，人生旅程的一大半，走過來了。
思索著，邁向百年的未來歷程，能為知識界、文化學術界作些什麼？
在速食文化的生態下，有什麼值得讓人雋永品味的？

歷代經典·當今名著，經過時間的洗禮，千錘百鍊，流傳至今，光芒耀人；
不僅使我們能領悟前人的智慧，同時也增深加廣我們思考的深度與視野。
我們決心投入巨資，有計畫的系統梳選，成立「經典名著文庫」，
希望收入古今中外思想性的、充滿睿智與獨見的經典、名著。
這是一項理想性的、永續性的巨大出版工程。
不在意讀者的眾寡，只考慮它的學術價值，力求完整展現先哲思想的軌跡；
為知識界開啟一片智慧之窗，營造一座百花綻放的世界文明公園，
任君遨遊、取菁吸蜜、嘉惠學子！